全国中等职业技术学校电工类专业通用教材

可编程序控制器及其应用（三菱　第三版）习题册

中国劳动社会保障出版社

图书在版编目(CIP)数据

可编程序控制器及其应用（三菱　第三版）习题册/杨杰忠主编. —北京：中国劳动社会保障出版社，2015

全国中等职业技术学校电工类专业通用教材

ISBN 978-7-5167-1526-0

Ⅰ.①可…　Ⅱ.①杨…　Ⅲ.①可编程序控制器-中等专业学校-习题集　Ⅳ.①TM571.6-44

中国版本图书馆 CIP 数据核字(2015)第 025821 号

中国劳动社会保障出版社出版发行

（北京市惠新东街 1 号　邮政编码：100029）

出 版 人：张梦欣

*

北京昌联印刷有限公司印刷装订　　新华书店经销

787 毫米×1092 毫米　16 开本　6 印张　141 千字

2015 年 1 月第 1 版　　2025 年 8 月第 20 次印刷

定价：10.00 元

营销中心电话：400-606-6496

出版社网址：http://www.class.com.cn

http://jg.class.com.cn

目　录

课题一　可编程序控制器基础知识

任务1　初识可编程序控制器

一、填空题

1. PLC是一种________操作的电子系统，专为在工业环境下应用而设计。它采用可编程的存储器，用来在其内部存储执行逻辑运算、________、定时、计数和算术运算等操作指令，并通过________式或________式的输入和输出，控制各种类型的机械或生产过程。

2. PLC最基本的应用领域是取代传统的继电—接触器控制系统，实现________和________。

3. PLC的选型主要包括________、________、________和电源模块等方面的选择。

4. PLC的容量选择包括________和________两个方面参数的选择。

5. PLC的输出方式一般分为________方式、________方式和________方式三种。

二、判断题

*1. PLC是专门用来完成逻辑运算的控制器。（　　）

2. PLC的继电器输出方式具有价格便宜，可驱动交流负载，适用的电压范围较宽和导通压降小，但承受瞬时过电压和过电流的能力较差的特点。（　　）

*3. 从提高系统可靠性的角度看，必须考虑输入门槛电平的大小。门槛电平越高，抗干扰能力越强，传输距离也越远。（　　）

*4. 双向晶闸管输出只能用于交流负载，而晶体管输出只能用于直流负载。（　　）

*5. 双向晶闸管输出或晶体管输出适用于不频繁通断的负载，它们属于无触点元件。（　　）

*6. PLC是一种数字运算操作的电子系统，专为在工业环境应用而设计，采用可编程的存储器。（　　）

*7. PLC只具有数字量或模拟量输入输出控制的能力。（　　）

*8. PLC的I/O点数是指PLC外部的输入、输出端子的个数。（　　）

*9. PLC的存储容量是指用户程序存储器和系统程序存储器的总容量。（　　）

10. 在逻辑控制方面，继电—接触器控制系统优于PLC。（　　）

11. 小型PLC一般在单机或小规模生产过程中使用。（　　）

12. 中型PLC适用于既有开关量又有模拟量的复杂控制系统。（　　）

三、选择题

*1. 下列选项中，不属于PLC特点的是（　　）。

注：标*内容为国家职业能力鉴定考试易考内容。

A. 通用性好，适应性强　　B. 可靠性高，抗干扰能力强

C. 编程简单、易学　　D. 设计、安装、调试和维修工作量大

*2. 下列选项中，（　　）不是 PLC 常用的分类方式。

A. I/O 点数　　B. 结构形式　　C. PLC 功能　　D. PLC 体积

*3. 下列选项中，不属于 PLC 输出方式的是（　　）。

A. 继电器输出　　B. 普通晶闸管输出

C. 双向晶闸管输出　　D. 晶体管输出

*4. 可编程序控制器电柜内的温度不能超出（　　）℃的范围。

A. −5～50　　B. 0～50　　C. 0～55　　D. 5～55

*5. 继电器输出的 PLC 可以直接驱动（　　）A 以内的负载，一般的电磁阀、继电器都用继电器输出型。

A. 0.5　　B. 1　　C. 2　　D. 5

*6. 晶体管输出的 PLC 只能驱动（　　）A 以内的负载，但是其响应速度快，一般用来输出高速脉冲，可以控制高速电磁阀、步进及伺服电动机等。

A. 0.5　　B. 1　　C. 2　　D. 5

*7. F－20MT 型可编程序控制器为（　　）类型。

A. 继电器输出　　B. 晶闸管输出

C. 晶体管输出　　D. 单晶体管输出

8. 大型、中型和小型 PLC 的分类依据是（　　）。

A. 输入/输出点数　　B. 结构形式　　C. 输入点数　　D. 输出点数

*9. PLC 主要有（　　）两种结构形式。

A. 整体式和模块式　　B. 整体式和分体式

C. 整体式和分散式　　D. 分体式和模块式

10. 下列选项中，不属于模块式结构 PLC 特点的是（　　）。

A. CPU 为单独模块　　B. I/O 为独立模块

C. 配置灵活　　D. 安装调试麻烦

四、简答题

1. IEC 对 PLC 的定义是什么？

2. PLC 的主要技术指标有哪些？

3. PLC 的主要特点有哪些？

4. 系统采用 PLC 控制的一般条件是什么？

5. 选择 PLC 机型的基本原则是什么？选择时应注意考虑哪些方面？

6. 如何正确选择 PLC 的 I/O 点数和用户程序存储容量？

7. 如何正确选择 PLC 的开关量输入、输出模块？

五、技能题

现有一套电气控制设备，需要用到一台 PLC 的小型机，主要控制一些继电器、接触器、电磁阀等开关量输出信号，并通过一些按钮、行程开关、接近开关、光电开关等开关量输入信号，无其他特殊功能要求。统计后，输入信号需要 10 个，输出信号需要 8 个，试根据要求选择性价比高的 FX_{2N}系列的 PLC。

任务 2　可编程序控制器硬件安装及接线

一、填空题

1. PLC 的硬件主要由________、________、________、________、________、扩展接口及电源等组成。其中，________是 PLC 的核心，________是连接现场输入/输出设备与 CPU 之间的接口电路，________用于与编程器、上位计算机等外部设备连接。

2. PLC 的软件由________和________组成。

3. 常见的 PLC 编程语言有________、________和________等。

4. 梯形图编程语言是在________原理图的基础上演变而来的一种________语言。

5. 按结构形式分类，PLC 可分为________式和________式两种。

6. 常用的开关量输入模块的信号类型有________输入、________输入和________输入三种。

7. PLC 的开关量输入模块的接线方式有________式输入和________式输入两种。

8. 开关量输出模块的输出方式有________输出、________输出和________输出三种。

9. PLC 的输出接线方式有________式输出和________式输出两种。

10. 可编程序控制器系统也称为“软接线”程序控制系统，由________和________两大部分组成。

11. PLC 有两种基本的工作模式，即________模式和________模式。

12. PLC 执行一次扫描所需的时间称为________，其典型值为________ ms。

13. 在运行模式下，PLC 对用户程序的循环扫描过程一般分三个阶段进行，即________、________和________。

14. 状态指示栏分为________、____________和________三部分。

二、判断题

*1. PLC 输入接口电路的作用是通过输入端子接收现场的输入信号，并将其转换成 CPU 能接收和处理的数字信号。（ ）

2. PLC 只有直流输入接口电路采用光电耦合器进行隔离。（ ）

3. PLC 输出接口电路全部采用光电耦合隔离方式。（ ）

*4. PLC 的存储器是一些具有记忆功能的半导体电路。（ ）

*5. PLC 使用的存储器有只读存储器 ROM 和随机存储器 RAM 两种。（ ）

6. 系统程序是由 PLC 生产厂家编写的，一般固化到 RAM 中。（ ）

7. 用户程序是用户根据工程现场的生产过程和工艺要求而编写的应用程序。（ ）

*8. 系统程序存储器多用 RAM，用户程序存储器多用 ROM。（ ）

9. PLC 电源部件的作用是把外部交流电转换成内部电路正常工作所需的各种直流电。（ ）

*10. PLC 可以向扩展模块提供 24 V 直流电源。（ ）

*11. 梯形图是程序的一种表示方法，也是控制电路。（ ）

12. 梯形图两边的两根竖线就是电源。（ ）

*13. PLC 的工作方式是等待扫描的工作方式。（ ）

*14. 每当 PLC 解释完一行梯形图指令后，随即会将结果输出，从而产生相应的控制动作。（ ）

*15. PLC 在循环扫描周期的程序执行阶段，当现场输入设备的状态发生改变时，输入映像寄存器中的数据也发生改变。（ ）

*16. 当 PLC 处于 STOP 方式时，PLC 的工作方式还是循环周期扫描工作方式。（ ）

*17. 梯形图中各软元件只有有限个常开触点和常闭触点。（ ）

*18. PLC 的输出方式是继电器触点输出。（ ）

*19. 当 I/O 点数不够时，可通过 PLC 的 I/O 扩展接口对系统进行任意扩展。（ ）

*20. PLC 上接线端子的数量一般少于 I/O 点的数量。（ ）

*21. 由于 PLC 执行指令的速度很快，因此，通常用执行 1 000 步指令所需要的时间来衡量 PLC 的速度。（ ）

*22. 由于 PLC 电源的好坏直接影响 PLC 的功能和可靠性，因此，目前大部分 PLC 采用开关式稳压电源供电。（ ）

23. PLC 的自检过程在每次开机通电时完成。（ ）

24. PLC 中的输出继电器触点只能用于驱动外部负载，不可以在程序内使用。（ ）

25. PLC 晶体管输出接口响应速度快、动作频率高，但只能用于驱动直流负载。（ ）

三、选择题

1. PLC 内部有许多辅助继电器，其作用相当于继电—接触器控制系统中的（ ）。

A. 接触器　　B. 中间继电器　　C. 时间继电器　　D. 热继电器

*2. 若 PLC 输出端接有直流感性负载，则须（ ）。

A. 并联整流二极管　　B. 并联浪涌二极管

C. 串联整流二极管　　D. 串联浪涌二极管

*3. 国内外 PLC 生产厂家都把（　　）作为第一用户编程语言。

A. 梯形图　　B. 指令表　　C. 逻辑功能图　　D. C 语言

*4. 一般而言，PLC 的 AC 输入电源电压范围是（　　）V。

A. 24　　B. 86～264　　C. 220～380　　D. 24～220

*5. PLC 的输入模块一般使用（　　）来隔离内部电路和外部电路。

A. 光电耦合器　　B. 继电器　　C. 传感器　　D. 电磁耦合

*6. PLC 的工作方式是（　　）工作方式。

A. 等待　　B. 中断　　C. 扫描　　D. 循环扫描

*7. PLC 中输出继电器的常开触点的数量是（　　）个。

A. 6　　B. 24　　C. 100　　D. 无数

*8. 影响 PLC 扫描周期长短的因素是（　　）。

A. 输入接口响应的速度

B. 用户程序长短和 CPU 执行指令的速度

C. 输出接口响应的速度

D. I/O 的点数

*9. 下列选项中，不属于 PLC 硬件系统组成的是（　　）。

A. 用户程序　　B. 输入输出接口　　C. 中央处理单元　　D. 通信接口

*10. 如果系统负载变化频繁，则最好选用（　　）输出接口的 PLC。

A. 晶体管　　B. 双向晶闸管

C. 继电器　　D. 任意

*11. PLC 程序执行时的结果保存在（　　）中。

A. 输出继电器　　B. 元件映像寄存器

C. 输出锁存器　　D. 通用寄存器

*12. PLC 工作环境中空气的相对湿度一般要小于（　　）。

A. 60%　　B. 80%　　C. 85%　　D. 90%

13. 若系统输出的变化不是很频繁，建议优先选用采用（　　）输出接口的 PLC。

A. 晶体管　　B. 双向晶闸管　　C. 继电器　　D. 任意

*14. PLC 输入器件提供的信号不包括（　　）信号。

A. 模拟　　B. 数字　　C. 开关　　D. 离散

*15. PLC 输出方式为晶体管型时，适用于（　　）负载。

A. 感性　　B. 交流　　C. 直流　　D. 交直流

*16. PLC 的（　　）程序要永久保存在 PLC 中，用户不能改变。

A. 用户　　B. 系统　　C. 软件　　D. 仿真

*17. PLC 实质上是一种（　　）。

A. 软件系统　　B. 工业控制用的专用计算机

C. 硬件系统　　D. 普通微机

*18. PLC 的 CPU 与现场 I/O 装置的设备通信的桥梁是（　　）。

A. I 模块　　B. O 模块　　C. I/O 模块　　D. 外设接口

*19. 下列输出模块可以交直流两用的是（　　）。

A. 光电耦合输出模块　　B. 继电器输出模块

C. 晶体管输出模块　　D. 晶闸管输出模块

*20. CPU 模块和扩展模块正常工作时，需要（　　）工作电压。

A. AC 5 V　　B. DC 5 V　　C. AC 24 V　　D. DC 24 V

*21. PLC 的编程语言中，属于图形语言的有（　　）。

A. 指令表和结构文本　　B. 继电器原理图

C. 卡诺图　　D. 梯形图和功能块图

*22. 下列选项中，（　　）不属于 PLC 的工作过程。

A. 输入采样　　B. 执行程序　　C. 程序编译　　D. 通信处理

*23. 下列选项中，（　　）是 PLC 工作过程中的第一个阶段。

A. 自诊断　　B. 执行程序　　C. 输入采样　　D. 通信处理

*24. 下列选项中，（　　）是 PLC 工作过程中的最后一个阶段。

A. 输入采样　　B. 执行程序　　C. 输出刷新　　D. 通信处理

*25. PLC 有与计算机的通信请求时，在（　　）阶段完成数据的接收和发送任务。

A. 自诊断　　B. 通信　　C. 扫描输入　　D. 输出刷新

*26. 在输入采样阶段，PLC 的中央处理器对各输入端进行扫描，将输入信号送入（　　）。

A. 累加器　　B. 指针寄存器　　C. 状态寄存器　　D. 存储器

*27. 在输出刷新阶段，PLC 把（　　）中的状态通过输出器件转换成被控设备所能接收的电压或电流信号，以驱动被控设备。

A. 输入映像寄存器　　B. 中间寄存器

C. 输出映像寄存器　　D. 辅助寄存器

*28. 在编程时，PLC 的内部触点（　　）。

A. 可作常开触点使用，但只能使用一次

B. 可作常闭触点使用，但只能使用一次

C. 可作常开和常闭触点反复使用，无限制

D. 只能使用一次

*29.（　　）是继电—接触器控制系统的缺点之一。

A. 连接导线简单　　B. 电磁时间短

C. 所用器件多，不易维护　　D. 搬运容易

30. 在进行 DIN 导轨安装时，应保持导轨固定点的间距为（　　）mm。

A. 35　　B. 75　　C. 105　　D. 135

四、简答题

1. 举例说明哪些常见的设备可以作为 PLC 的输入设备和输出设备。

2. 在 PLC 输入/输出电路中，为什么要设立光电耦合器？

3. 简述可编程序控制器的工作原理。

4. 简述 PLC 梯形图与继电—接触器控制电路图的区别。

5. 梯形图中的触点为什么可以使用无限次？

6. 简述PLC控制系统与继电—接触器控制系统的区别。

任务3　编程软件的安装及使用

一、填空题

1. GX-Developer编程软件包是一个专门用来开发FX系列PLC程序的软件包，它可用________、________和________来写入和编辑程序，并能进行各种编程方式的互换，它应用于________操作系统，便于操作和维护，具有较强的兼容性。

2. GX-Developer编程软件可以对以太网、MELSECNET/10（H）、CC-Link等网络进行参数设定，具有完善的诊断功能，能方便地实现________，程序的________，不仅可通过________直接连接完成，还可以通过网络系统完成。

3. GX-Developer Ver.8软件的操作界面主要由项目标题栏、________、________、________、________、状态栏等部分组成。

4. 项目标题栏主要显示工程名称、________、________、________以及________和当前操作状态等。

5. GX-Developer Ver.8编程软件工具栏中常用的工具栏有__________工具栏、________工具栏、________工具栏、________工具栏和________工具栏等。

6. 管理窗口是软件的________列表窗口，主要包括程序（MAIN）、软元件注释（COMMENT）、参数（PLC参数）、软元件内存等内容，可实现这些项目的________、________、________等功能。

二、判断题

1. 在GX-Developer Ver.8编程软件中，可通过梯形图符号、列表语言及SFC符号来创建PLC程序，建立注释数据及设置寄存器数据。（　　）

2. 在安装软件前必须先安装使用环境，如果不安装使用环境，编程软件将无法正常安装使用。（　　）

3. 当未指定驱动器/路径名就保存工程时，GX－Developer 可自动在默认值设定的驱动器/路径中保存工程。（　）

4. GX－Developer Ver. 8 软件中文编程软件的安装主要包括三部分：使用环境、编程环境和仿真运行环境。（　）

三、简答题

GX－Developer Ver. 8 编程软件具有哪些功能？

课题二 基本控制指令应用

任务1 河沙自动装载装置控制系统设计与装调

一、填空题

1. 输入继电器（X）是专门用来接收________信号的元件。PLC 通过输入接口将外部输入信号状态（接通时为“1”，断开时为“0”）读入并存储在____________中。

2. 输入继电器必须由________驱动，不能用________驱动，所以在程序中不可能出现其________。

3. FX 系列 PLC 的输入继电器采用________和________共同组成编号。FX_{2N}型 PLC 的输入继电器编号范围为____________。

4. 输出继电器的作用是将____________输出传送给____________。

5. 输出继电器线圈是由____________驱动，其线圈状态传送给输出单元，再由输出单元对应的________来驱动外部负载。

6. FX 系列 PLC 的输出继电器采用________和________共同组成编号。FX_{2N}型 PLC 的输出继电器编号范围为____________。

7. 梯形图两侧的垂直公共线称为________，左侧母线对应于继电—接触器控制系统中的________，右侧母线对应于继电—接触器控制系统中的________。

8. 对于并联电路，串联触点多的支路排在________；对于串联电路，并联触点多的支路排在________。

9. 写出下列指令的功能：

LD ________________________；ANI ________________________；

OUT ______________________；OR ________________________；

END ________________________。

10. OUT 指令是对输出继电器、________、________、__________、________等线圈的驱动指令，但不能用于输入继电器。

11. 梯形图的触点应画在________上，而不应画在________上。

12. 当有些线圈在运算过程中要一直保持置位时，要用到__________________指令和____________指令。

二、判断题

*1. FX 系列可编程序控制器输入、输出继电器的编号是按十进制编制的。 （　　）

*2. FX 系列可编程序控制器中的 OR 指令用于常闭触点的并联。 （　　）

*3. LDI 和 LD 分别取常开和常闭触点，并且都是从输入公共线开始。 （　　）

4. 从梯形图的结构而言，触点是线圈的工作条件，线圈的动作是触点运算的结果。 （　　）

5. 梯形图中的“软继电器线圈”断电，其常开触点断开，常闭触点接通，称该软元件为 0 状态或 OFF 状态；“软继电器线圈”得电，其常开触点接通，常闭触点断开，称该软元件为 1 状态或 ON 状态。（　）

*6. 梯形图中的触点可以串联或并联，但继电器线圈只能串联而不能并联。（　）

7. 线圈不能直接与左母线相连，即左母线与线圈之间一定要有触点。（　）

8. 触点不能放在线圈的右边，即线圈与右母线之间不能有任何触点。（　）

三、选择题

*1. 下列选项中，（　）可能是下图所示梯形图对应指令表所包含的语句。

X001 X000 X012 Y030 Y030 液压

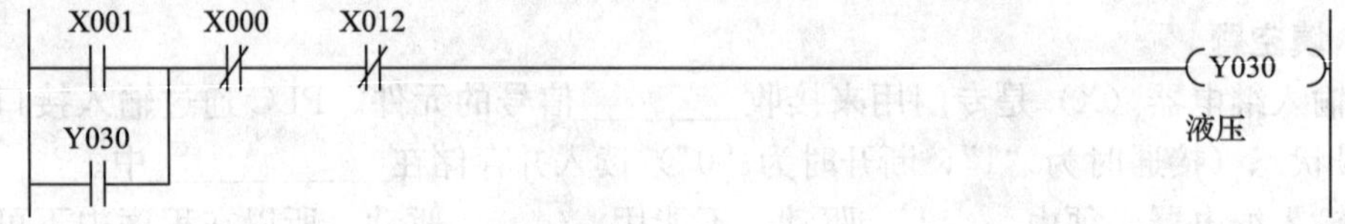

A. AND X000　　B. LD X012　　C. ANI X012　　D. LDI X012

*2. 下列选项中，（　）可能是下图所示梯形图对应指令表所包含的语句。

0 X006 X011 Y031 Y033 Y030 Y032 X006 X002 滑台向前

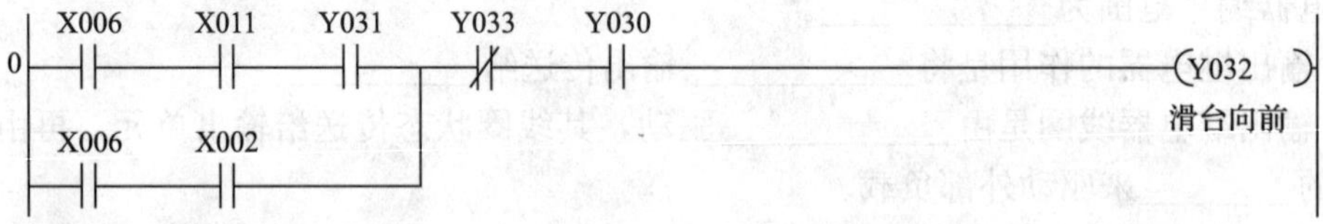

A. ANI X011　　B. AND X011　　C. LD X011　　D. LDI X011

*3. 在一个程序中，同一地址号的线圈可以有（　）次输出，且继电器线圈不能串联只能并联。

A. 1　　B. 2　　C. 3　　D. 无限

*4. FX 系列可编程序控制器常开触点用（　）指令。

A. LD　　B. LDI　　C. OR　　D. ORI

*5. FX 系列可编程序控制器中的 ANI 指令用于（　）。

A. 常闭触点的串联　　B. 常闭触点的并联

C. 常开触点的串联　　D. 常开触点的并联

*6. RST 指令不能用于（　）的复位。

A. 输入继电器　　B. 计数器　　C. 辅助继电器　　D. 定时器

7. FX 系列可编程序控制器的输出继电器用（　）表示。

A. X　　B. Y　　C. T　　D. C

*8. PLC 的输入继电器是（　）。

A. 装在输入模块内的微型继电器　　B. 实际的输入继电器

C. 从输入端口到内部的线路　　D. 模块内部输入的中间继电器线路

*9. PLC 的（　）专门用来接收外部用户输入设备发来的输入信号，其线圈只能由外部信号所驱动。

A. 输入继电器　　B. 输出继电器　　C. 辅助继电器　　D. 计数器

*10.（　）是 PLC 的输出信号，控制外部负载，只能用程序指令驱动，外部信号不能

驱动。

A. 输入继电器　　B. 输出继电器　　C. 辅助继电器　　D. 计数器

四、简答题

1. 虽然梯形图与继电—接触器控制电路图很接近，在结构形式、元件符号及逻辑控制功能方面比较类似，但其也有自己的特点，试简述梯形图的特点。

2. 简述梯形图的编程规则。

3. SET、RST 指令的功能是什么？在使用 SET、RST 指令编程时应注意哪些问题？

***五、技能题**

1. 题目：设计两地控制电动机单方向连续运行的 PLC 控制系统。

2. 考核要求

(1) 根据控制功能用 PLC 进行控制电路的设计，并进行安装与调试。

(2) 电路设计。根据任务，设计主电路电路图，列出 PLC 控制 I/O（输入/输出）口元件地址分配表；根据加工工艺，设计梯形图及 PLC 控制 I/O（输入/输出）口接线图，并仿真运行。

(3) 安装与接线

1) 将熔断器、接触器、继电器、PLC 装在一块配线板上，而将转换开关、按钮等装在另一块配线板上。

2）按 PLC 控制 I/O（输入/输出）口接线图在模拟配线板上进行正确安装，元件在配线板上布置要合理，安装要准确、紧固，配线要紧固、美观，导线要进行线槽，导线要有端子标号。

（4）PLC 键盘操作。熟练操作键盘，能正确地将所编程序输入 PLC；按照被控设备的动作要求进行模拟调试，达到设计要求。

（5）通电试验。正确使用电工工具及万用表，进行仔细检查，通电试验，应注意人身和设备安全。

（6）考核时间分配

1）设计梯形图、PLC 控制 I/O（输入/输出）口接线图、上机编程时间共 90 min。

2）安装接线时间为 60 min。

3）试机时间为 5 min。

任务 2 卷扬机控制系统设计与装调

一、填空题

*1. 写出下列指令的功能：

ORB ________________________；ANB ____________________；

MPS ________________________；MRD ____________________；

MPP ________________________。

2. 在编程时，可把需要并联的回路连贯地写出，而在这些回路的末尾连续使用与支路个数相同的________指令，这时指令最多使用不超过______次。

3. 在编程时，可把需要串联的回路连贯地写出，而在这些回路的末尾连续使用与回路个数相同的________指令，这时指令最多使用不超过______次。

4. MPS、MRD 和 MPP 指令均为不带________的指令，其中，MPS 和 MPP 指令必须配对使用。

5. 由于三菱 FX_{2N}型 PLC 就提供了 11 个栈存储器，因此，MPS 和 MPP 指令连续使用的次数不得超过________次。

6. 首先设计基本控制环节的程序，然后在原控制程序的性能保持不变的基础上逐一增加功能的设计方法，称为____________。

二、判断题

*1. MPP 指令用于分支的开始处，MRD 指令用于分支的中间处，MPS 指令用于分支的结束处。 ( )

*2. 两个或两个以上触点串联连接的电路块称为串联电路块。将串联电路块作并联连接时，分支开始用 LD、LDI 指令，分支结束用 ANB 指令。 ( )

*3. 由一个或多个触点的串联电路形成的并联分支电路称为并联电路块，并联电路块在串联连接时，要使用 ORB 指令。 ( )

*4. 多个串联电路块作并联连接，或多个并联电路块作串联连接时，电路块数没有限制。 ( )

三、选择题

*1. 在编程时，也可把需要并联的回路连贯地写出，而在这些回路的末尾连续使用与支路个数相同的 ORB 指令，这时指令最多使用（ ）次。

A. 无限　　B. 有限　　C. 7　　D. 8

*2. FX 系列可编程序控制器中的 ORB 指令用于（ ）。

A. 串联连接　　B. 并联连接

C. 回路串联连接　　D. 回路并联连接

*3. FX 系列可编程序控制器中回路串联连接用（ ）指令。

A. AND　　B. ANI　　C. ORB　　D. ANB

*4. 串联电路块最少有（ ）个触点。

A. 2　　B. 4　　C. 6　　D. 8

*5. 并联电路块最少有（　　）个触点。

A. 2　　B. 4　　C. 6　　D. 8

*6. 在堆栈操作指令中，（　　）是进栈指令。

A. LPS　　B. MPS　　C. MRD　　D. MPP

*7. 在堆栈操作指令中，（　　）是读栈指令。

A. LPS　　B. MPS　　C. MRD　　D. MPP

*8. 在堆栈操作指令中，（　　）是出栈指令。

A. LPS　　B. MPS　　C. MRD　　D. MPP

四、简答题

1. 用 PLC 改造正反转控制线路时，应如何保证互锁控制？

2. 简述利用功能添加法设计程序的步骤。

五、编程题

1. 根据梯形图编写指令表。

梯形图	指令表
0 X000 X001 X002 (Y000) X003 X004 Y000 X005 X006 X007	
0 X000 (Y001) X002 (Y002) (Y003) X004 (Y004) (Y005)	
0 X000 X001 X002 (Y000) X003 (Y001) X003 X004 (Y002) X005 X006 X007 (Y003)	

2. 根据指令表画出梯形图。

指令表	梯形图
0 LD X000 1 OR X001 2 LD X002 3 AND X003 4 LD X004 5 ANI X005 6 ORB 7 OR X006 8 ANB 9 ORI X007 10 OUT Y000 11 END	
0 LD X000 1 NPS 2 ANI X001 3 OUT Y001 4 MRD 5 AND X002 6 OUT Y002 7 MPP 8 OUT Y003 9 MPS 10 AND X004 11 OUT Y004 12 MPP 13 OUT Y005 14 END	
0 LD X000 1 OR X001 2 ANI X002 3 MPS 4 ANI X003 5 ANI Y001 6 OUT Y000 7 MRD 8 LD X004 9 AND X005 10 ORI Y000 11 ANB 12 ANI X007 13 OUT Y001 14 MPP 15 ANI Y001	

续表

指令表	梯形图
16 LDI X010 17 OR X012 18 ANB 19 OUT Y002 20 END	

*3. 分别用启—保—停电路和置位/复位指令设计两套电动机启/停控制的 PLC 梯形图，控制要求分别是：

（1）启动时，电动机 M1 先启动，M2 才能启动；停止时，M1、M2 同时停止。

（2）启动时，电动机 M1 和 M2 同时启动；停止时，只有在电动机 M2 停止后，电动机 M1 才能停止。

*4. 现有 3 台电动机 M1、M2、M3，要求按下启动按钮 X000 后，电动机按顺序启动（M1 先启动，接着 M2 启动，最后 M3 启动），按下停止按钮 X001 后，电动机按顺序停止（M3 先停止，接着 M2 停止，最后 M1 停止）。用置位/复位指令设计 PLC 控制梯形图。

*六、技能题

1. 题目：用 PLC 进行控制电路的设计，并进行安装与调试。

2. 考核要求

(1) 按图 2—2—1 所示的继电—接触器控制电路的控制功能用 PLC 进行控制电路的设计，并进行安装与调试。

(2) 电路设计：根据任务，设计主电路电路图，列出 PLC 控制 I/O（输入/输出）口元件地址分配表；根据加工工艺，设计梯形图及 PLC 控制 I/O（输入/输出）口接线图，并能仿真运行。

(3) 安装与接线

1) 将熔断器、接触器、继电器、PLC 装在一块配线板上，而将转换开关、按钮等装在另一块配线板上。

2) 按 PLC 控制 I/O（输入/输出）口接线图在模拟配线板上进行正确安装，元件在配线板上布置要合理，安装要准确、紧固，配线要紧固、美观，导线要进行线槽，导线要有端子标号。

(4) PLC 键盘操作：熟练操作键盘，能正确地将所编程序输入 PLC；按照被控设备的动作要求进行模拟调试，达到设计要求。

(5) 通电试验：正确使用电工工具及万用表，进行仔细检查，通电试验，注意人身和设备安全。

(6) 考核时间分配

1) 设计梯形图、PLC 控制 I/O（输入/输出）口接线图、上机编程时间共 90 min。

2) 安装接线时间为 60 min。

3) 试机时间为 5 min。

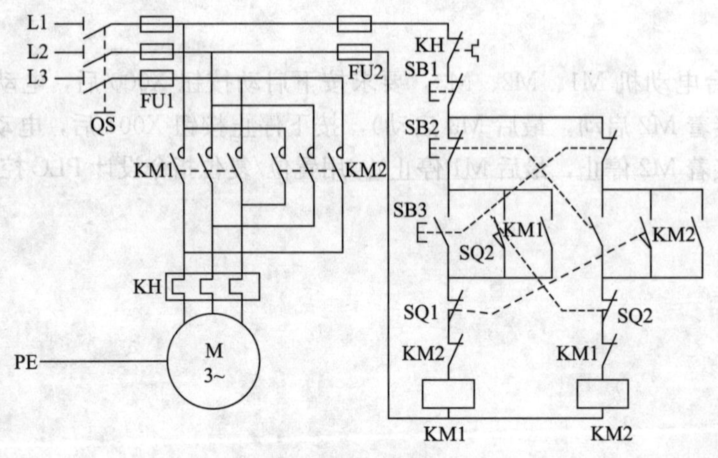

图 2—2—1 继电—接触器控制电路

任务3　三相交流异步电动机Y-△降压启动控制系统设计与装调

一、填空题

1. 写出下列指令的功能：

MC ____________________；MCR ____________________。

2. MC/MCR指令可作用的软元件分别为____________和__________。

3. MC/MCR指令可以嵌套使用，嵌套时嵌套级编号是从______到______按顺序增加，顺序不能颠倒。主控返回用MCR指令时，必须从______的嵌套级编号开始返回，也就是按______到______的顺序返回，不能颠倒。最后一定是________指令，与主控点相连的触点应使用________、________指令。

4. PLC中定时器可在程序中作________控制，FX_{2N}系列PLC常见定时器的时钟脉冲有________ ms、________ ms和________ ms三种不同周期。

二、判断题

*1. MC指令可以单独使用。　（　　）

2. 当多次使用主控指令（但没有嵌套）时，可以通过改变Y、M地址号实行，通过常用的N0进行编程，N0的使用次数有限制。　（　　）

3. MC指令里的继电器M（或Y）能重复使用。　（　　）

*4. K100 是定时器 T 的常数设定值，如果定时器是 T2，则 T2 的延时时间为 100 s。（　　）

三、选择题

*1. T2 的时间设定值为 K123，则其实际设定时间为（　　）s。

A. 12.3　　B. 1.23　　C. 123　　D. 0.123

*2.（　　）指令为主控开始指令。

A. MC　　B. MCR　　C. CJP　　D. EJP

*3.（　　）指令为主控复位指令。

A. MC　　B. MCR　　C. CJP　　D. EJP

*4. 在一个 MC 指令区内，若再使用 MC 指令称为嵌套，嵌套的级数最多为（　　）层。

A. 7　　B. 8　　C. 10　　D. 11

四、简答题

1. 使用主控移位和复位指令的注意事项有哪些？

2. 结合图 2—3—1 所示梯形图说明通用定时器的动作原理。

图 2—3—1　通用定时器动作原理

3. 简述通用定时器的工作原理。

4. 分析如图 2—3—2 所示梯形图程序，并根据给定信号 X000 的时序图，画出定时器 T200 的状态位和输出信号 Y000 的时序图。

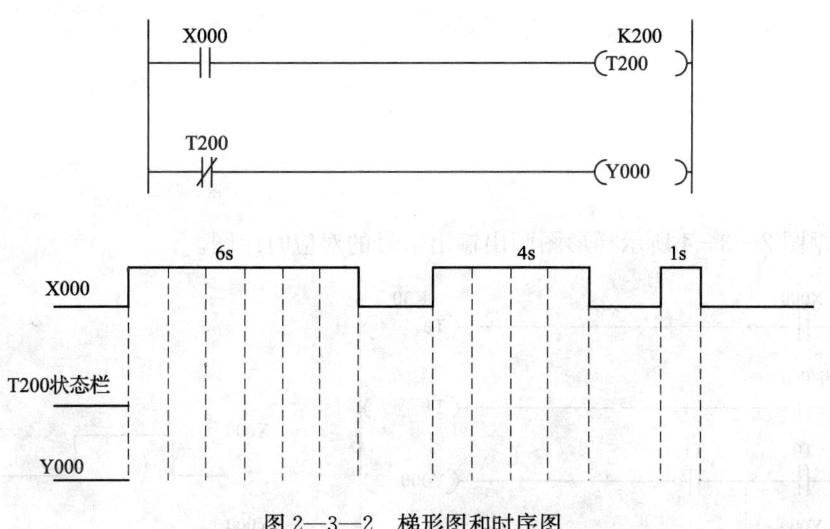

图 2—3—2 梯形图和时序图

5. 根据图 2—3—3 所示梯形图画出输出信号的对应时序图。

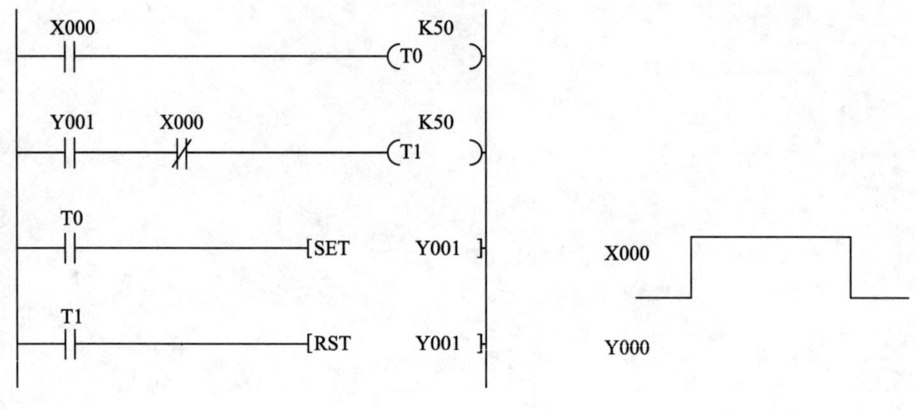

图 2—3—3　梯形图

6. 根据图 2—3—4 所示梯形图画出输出信号的对应时序图。

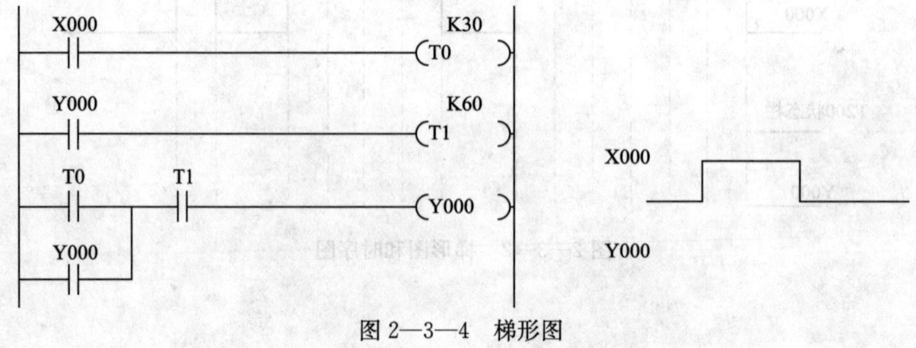

图 2—3—4　梯形图

五、编程题

1. 将梯形图转换为指令表。

梯形图	指令表
0 X001 X002 X003 (Y000) X004 X005 Y001 K20 (T0) X000 X006 X007	
0 X000 T0 Y010 (Y000) M0 X004 X001 X006 K100 (T0) X002 X007 (Y010) Y000 (M0)	

2. 将指令表转换为梯形图。

指令表	梯形图
0 LD X001 1 ANI X000 2 MPS 3 ANI X002 4 MPS 5 AND X004 6 OUT Y021 7 MPP	

续表

指令表	梯形图
8 AND X006 9 RST Y003 10 MRD 11 AND X005 12 OUT M6 13 MPP 14 ANI X004 15 OUT T0 K30 18 END	
0 LDI X000 1 AND X001 2 AND X002 3 AND X003 4 LD X004 5 ANI X005 6 ANI X006 7 ANI X007 8 ORB 9 PUT Y000 10 LD X000 11 ANI T12 12 OUT T255 K150 15 END	

3. 设计满足如图 2—3—5 所示波形的梯形图程序。

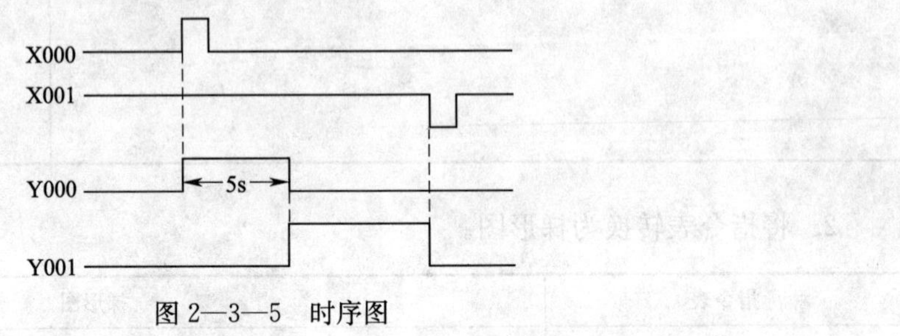

图 2—3—5 时序图

4. 当 X000（接常开按钮）动作时 Y000 得电并自锁，5 s 后 Y000 失电并解除自锁。用启—保—停电路和置位/复位指令分别编程。

5. 按下启动按钮 X000，5 s 后 Y000 指示灯才亮；按下停止按钮 X001，3 s 后 Y000 指示灯才灭。用置位和复位指令及定时器指令编程。

*6. 用 PLC 控制一盏灯，按下启动按钮 SB1，灯亮 3 s，灭 2 s，并循环下去；当按下停止按钮 SB2 后，灯熄灭，停止循环。试设计梯形图。

*7. 如图 2—3—6 所示为一台电动机启动的工作时序图，试设计其对应梯形图。

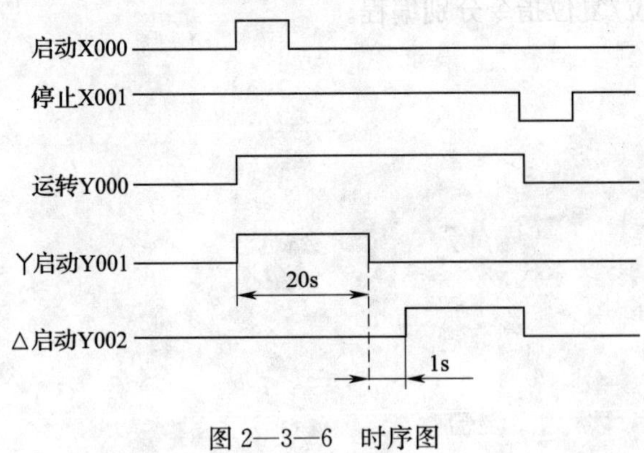

图 2—3—6 时序图

8. 用 PLC 的置位和复位指令实现彩灯的自动控制。控制过程为：按下启动按钮，第一组花样绿灯亮；10 s 后第二组花样蓝灯亮；20 s 后第三组花样红灯亮，30 s 后返回第一组花样绿灯亮，如此循环，并且仅在第三组花样红灯亮后方可停止循环。

*9. 设计小车延时自动往返 PLC 控制电路，要求有停止按钮、正反向启动按钮、终端设置限位开关。小车正向运行到右终端时并不是马上返回，而是先停止经过 5 s 延时后再返回；返回到左终端时，需要 6 s 延时后再正向运行；自动往返循环；需要停止时按下停止按钮即可。

*10. 设计两台电动机顺序启动逆序停止的 PLC 控制电路，控制要求如下：

（1）按下启动按钮 SB1，电动机 M1 先启动，10 s 后自动启动电动机 M2；停止时，按下停止按钮 SB2，电动机 M2 先停，延时 8 s 后，自动停止电动机 M1。

（2）具有短路、超载保护等必要的保护措施。

11. 设计电动机正反转 PLC 控制电路，控制要求如下：

（1）按下启动按钮，KM1 通电，电动机正转 5 s，停止 3 s，再反转。

(2) 电动机反转 5 s，停止 3 s，再正转，如此循环。

(3) 任何时候按下停止按钮，电动机都停止并且不再循环运行。

*六、技能题

1. 题目：用 PLC 进行控制电路的设计，并进行安装与调试。

2. 考核要求

(1) 按图 2—3—7 所示的继电—接触器控制电路的控制功能用 PLC 进行控制线路的设计，并进行安装与调试。

(2) 电路设计：根据任务，设计主电路电路图，列出 PLC 控制 I/O（输入/输出）口组件地址分配表；根据加工工艺，设计梯形图及 PLC 控制 I/O（输入/输出）口接线图，并能仿真运行。

(3) 安装与接线

1) 将熔断器、接触器、继电器、PLC 装在一块配线板上，而将转换开关、按钮等装在另一块配线板上。

2) 按 PLC 控制 I/O（输入/输出）口接线图在模拟配线板上进行正确安装，组件在配线板上布置要合理，安装要准确、紧固，配线要紧固、美观，导线要进行线槽，导线要有端子标号。

(4) PLC 键盘操作：熟练操作键盘，能正确地将所编程序输入 PLC；按照被控设备的动作要求进行模拟调试，达到设计要求。

(5) 通电试验：正确使用电工工具及万用表，进行仔细检查，通电试验，注意人身和设备安全。

(6) 考核时间分配

1）设计梯形图、PLC 控制 I/O（输入/输出）口接线图、上机编程时间共 90 min。

2）安装接线时间为 60 min。

3）试机时间为 5 min。

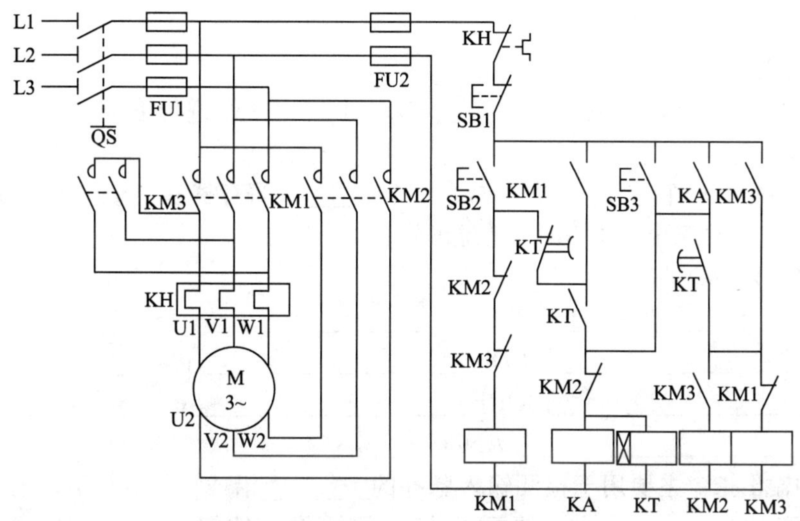

图 2—3—7　双速电动机控制线路

任务4　抢答器控制系统设计与装调

一、填空题

1. 辅助继电器一般用文字符号______表示，以____进制进行编号。按功能来分，一般分为__________、__________和__________三类。

2. 定时器中有一个________寄存器、一个________寄存器和一个用来存储其输出触点的__________，这三个量使用同一地址编号。

3. 写出下列指令的功能：

PLS __________________；PLF __________________；

LDP __________________；LDF __________________；

ORP __________________；ORF __________________；

ANDP __________________；ANDF __________________。

4. 脉冲输出指令主要用于检测输入脉冲的________沿或________沿，当条件满足时，产生一个很窄的________输出。其PLC指令的操作元件都为______和________，不含________。

二、判断题

1. 辅助继电器有无数对常开和常闭触点供用户编程使用，使用次数不受限制。（　　）

*2. PLS指令的功能是：当检测到输入脉冲信号的下降沿时，PLS的操作元件的线圈得电一个扫描周期，产生一个脉冲宽度为一个扫描周期的脉冲信号输出。（　　）

*3. PLF指令的功能是：当检测到输入脉冲信号的上升沿时，PLF的操作元件的线圈得电一个扫描周期，产生一个脉冲宽度为一个扫描周期的脉冲信号输出。（　　）

4. LDP、ANDP、ORP使指定的位软元件下降沿时接通一个扫描周期，而LDF、ANDF、ORF使指定的位软元件上升沿时接通一个扫描周期。（　　）

三、选择题

1. FX_{2N}系列PLC内有普通（通用型）辅助继电器（　　）点。

A. 100　　B. 184　　C. 256　　D. 500

*2. 以下指令中，（　　）是上升沿指令。

A. PLS　　B. PLF　　C. CJP　　D. EJP

*3. 以下指令中，（　　）是取脉冲指令。

A. PLS　　B. PLF　　C. LDP　　D. LDF

四、简答题

1. 简述辅助继电器的种类和特点。

2. 脉冲输出指令和脉冲检测指令的功能分别是什么？两种指令在使用时有何区别？

五、编程题

1. 根据下表所列指令表，画出对应的梯形图。

指令表	梯形图
0 LD X000 1 PLF M0 2 LD M0 3 ANI Y001 4 LD Y001 5 ANI M0 6 ORB 7 OUT Y001 8 LD X000 9 OUT Y000 10 END	

2. 设计一个延时时间为 3 h 的长延时程序。

*六、技能题

1. 题目：通过 PLC 控制系统，实现对五路竞赛抢答器系统的控制。其控制要求如下：

（1）抢答器设有 1 个主持人总台和 5 个参赛队分台，总台设置有总台电源指示灯、撤销抢答信号指示灯亮、总台电源转换开关、抢答开始/复位按钮。分台设有一个抢答按钮和一个分台抢答指示灯。

（2）竞赛开始前，竞赛主持人首先接通“启动/停止”转换开关，电源指示灯亮。

（3）各队抢答必须在主持人给出题目后，说了“开始”并按下开始抢答按钮后的 15 s 内进行，如果在 15 s 内有人抢答，则最先按下的抢答按钮信号有效，相应分台上的抢答指示灯亮，其他组再按抢答按钮无效。

（4）当主持人按下开始抢答按钮后，如果在 15 s 内无人抢答，则撤销抢答信号指示灯亮，表示抢答器自动撤销此次抢答信号。

（5）主持人没有按下开始抢答按钮，各分台按下抢答按钮均无反应。

（6）在一个题目回答终了或 15 s 时间到后无人抢答，只要主持人再次按下抢答开始/复位按钮，所有分台抢答指示灯和撤销抢答信号指示灯熄灭，同时抢答器恢复原始状态，为第二轮抢答做好准备。

2. 考核要求

（1）根据控制功能用 PLC 进行控制线路的设计，并且进行安装与调试。

（2）电路设计：根据任务，列出 PLC 控制 I/O（输入/输出）口元件地址分配表，设计梯形图及 PLC 控制 I/O（输入/输出）口接线图，并能仿真运行。

（3）安装与接线

1）将熔断器、指示灯、PLC 装在一块配线板上，而将转换开关、按钮等装在另一块配线板上。

2）按 PLC 控制 I/O（输入/输出）口接线图在模拟配线板上正确安装，元件在配线板上布置要合理，安装要准确、紧固，配线导线要紧固、美观，导线要进行线槽，导线要有端子标号。

（4）PLC 键盘操作：熟练操作键盘，能正确地将所编程序输入 PLC；按照被控设备的动作要求进行模拟调试，达到设计要求。

（5）通电试验：正确使用电工工具及万用表，进行仔细检查，通电试验，注意人身和设备安全。

（6）考核时间分配

1）设计梯形图、PLC 控制 I/O（输入/输出）口接线图、上机编程时间共 120 min。

2）安装接线时间为 60 min。

3）试机时间为 5 min。

任务5　花式喷泉控制系统设计与装调

一、填空题

1. 定时器和计数器除了当前值以外，还有一位状态位，状态位在当前值____设定值时为 ON。

2. FX_{2N}系列 PLC 提供了____________和____________两类计数器。

3. 内部计数器分为________位加计数器和________位加/减计数器两类，计数器采用________和________共同组成编号。

4. C0～C199 共 200 点是________位加计数器，其中，C0～C99 共 100 点为________型，C100～C199 共 100 点为________型。这类计数器为________计数，应用前先对其设置某一设定值，当输入信号（上升沿）个数累加到设定值时，计数器动作，其常开触点________、常闭触点________。

5. 16 位加计数器的设定值范围为________，设定值可以用常数 K 或者通过________来设定。

6. ________是初始化脉冲，仅在__________时接通一个扫描周期。

二、选择题

*1. 下列特殊辅助继电器中，属于时钟脉冲特殊辅助继电器的是（　　）。

A. M8011　　B. M8028　　C. M8033　　D. M8034

*2. 下列特殊辅助继电器中，属于 1 s 时钟脉冲特殊辅助继电器的是（　　）。

A. M8011　　B. M8012　　C. M8013　　D. M8014

*3. 下列特殊辅助继电器中，属于 10 ms 时钟脉冲特殊辅助继电器的是（　　）。

A. M8011　　B. M8012　　C. M8013　　D. M8014

*4. 下列特殊辅助继电器中，属于 100 ms 时钟脉冲特殊辅助继电器的是（　　）。

A. M8011　　B. M8012　　C. M8013　　D. M8014

*5. 下列特殊辅助继电器中，属于 1 min 时钟脉冲特殊辅助继电器的是（　　）。

A. M8011　　B. M8012　　C. M8013　　D. M8014

*6. PLC 的计数器是（　　）。

A. 硬件实现的计数继电器　　B. 一种输入模块

C. 一种定时时钟继电器　　D. 软件实现的计数单元

*7. 下面无法由 PLC 的元件代替的是（　　）。

A. 热保护继电器　　B. 定时器　　C. 中间继电器　　D. 计数器

*8. 计数器用文字符号（　　）表示。

A. C　　B. AC　　C. HC　　D. T

三、简答题

根据图 2—5—1 所示梯形图及 X0 和 X1 的输入状态时序图，分析计数器 C0 的当前值和 Y0 的输出状态。

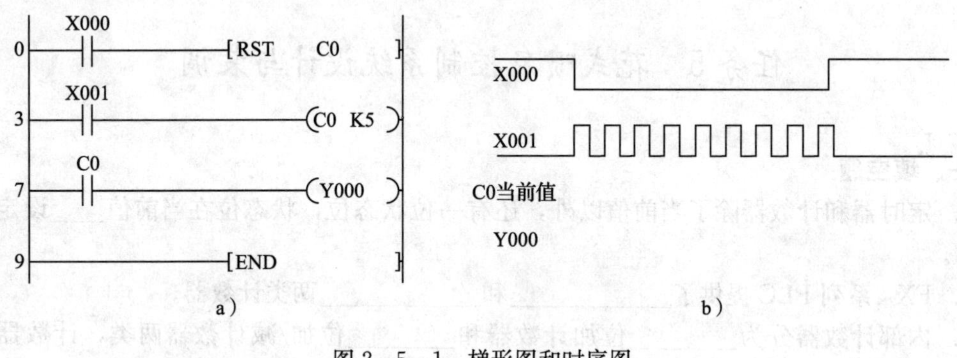

图 2—5—1 梯形图和时序图

a）梯形图 b）时序图

四、编程题

1. 根据下表所列某控制程序的指令表，画出对应的梯形图。

指令表	梯形图
0 LD X000 1 ANI T0 2 OUT T0 K1 000 3 LD T0 4 OUT C0 K360 5 LD Y000 6 RST C0 7 LD C0 8 OR Y000 9 OUT Y000 10 END	

2. 设计一个计数范围为 0～50 000 的计数器。

3. 试用计数器和特殊辅助继电器设计一个延时 25 min 的延时电路（已知 M8014 为 1 min 的时钟脉冲，占空比为 50%；M8013 为 1 s 的时钟脉冲，占空比为 50%，可任意选用）。

4. 用 PLC 设计一个闹钟程序，每天早上 6：00 闹铃响。

5. 设计楼梯灯的 PLC 控制程序，控制要求为：只用一个按钮控制楼梯灯，当按一次按钮时，楼梯灯亮 6 min 后自动熄灭；当连续按两次按钮时，灯长亮不灭；当按下按钮的时间超过 2 s 时，灯熄灭。

6. 设计某控制系统的梯形图程序，要求在按下按钮 X000 后，Y000 变为 1 状态并自保持（见图 2—5—2），X000 输入 3 个脉冲后（用加计数器 C0 计数），T0 开始定时，6 s 后 Y000 变为 0 状态，同时 C0 被复位，在 PLC 刚开始执行用户程序时，C0 也被复位。

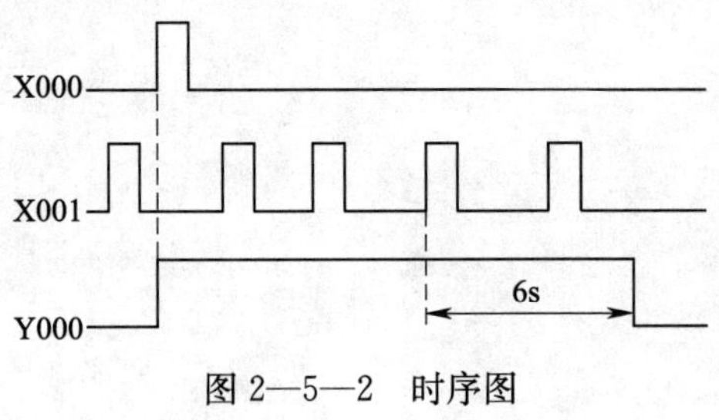

图 2—5—2　时序图

7. 设计电动机延时正反转循环计数 PLC 控制程序，控制要求如下：

（1）按下启动按钮，KM1 通电，电动机正转；经过延时 5 s，KM1 断电，KM2 得电，电动机反转；再经过 6 s 延时，KM2 断电，KM1 通电，电动机又正转。这样反复 3 次后电动机停下。当按下停止按钮时，电动机也停止运行。

（2）具有短路、过载保护等必要的保护措施。

8. 设计报警器程序，要求只要当条件 X000 由 OFF 变为 ON 时蜂鸣器就鸣叫，同时，报警灯连续闪烁 5 次，每次亮 2 s，熄灭 3 s，此后，停止声光报警。

9. 如图 2—5—3 所示为一个运料小车的工作示意图，要求使用 PLC 控制方式完成运料小车 PLC 控制电路的设计。

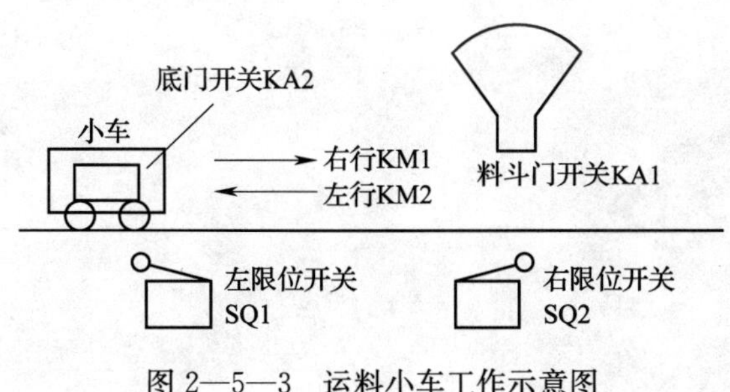

图 2—5—3 运料小车工作示意图

控制要求如下：

(1) 小车原位在左终端，当小车压下左限位开关 SQ1 时，按下启动按钮 SB，小车右行前进；当运行至料斗下方时，右限位开关 SQ2 动作，此时打开料斗门给小车加料；加料延时 7 s 后关闭料斗门，小车左行后退，回到左终端压下左限位开关时，打开小车底门卸料；卸料 5 s 后结束，完成一次动作，如此循环 3 次后系统自动停止。

（2）具有短路、过载保护等必要的保护措施。

10. 如图 2—5—4 所示为一传送带控制装置，要求使用 PLC 来设计该传送带控制电路。控制要求如下：

（1）按下启动按钮 SB，如果运货车检测仪 SQ1 检测到运货车，则传送带 KM1 开始传送工件；当件数检测仪 SQ2 检测到 3 个工件时，传送带停止传送工件，而推板机 KM2 启动工作；推板机在 10 s 时间里推动这 3 个工件到运货车后，推板机返回，准备下一次传送工件、检测计数及推动工件；只有当下一辆运货车到位，并且按下启动按钮后，传送带和推板机才能重新开始工作。

（2）具有短路保护等必要的保护措施。

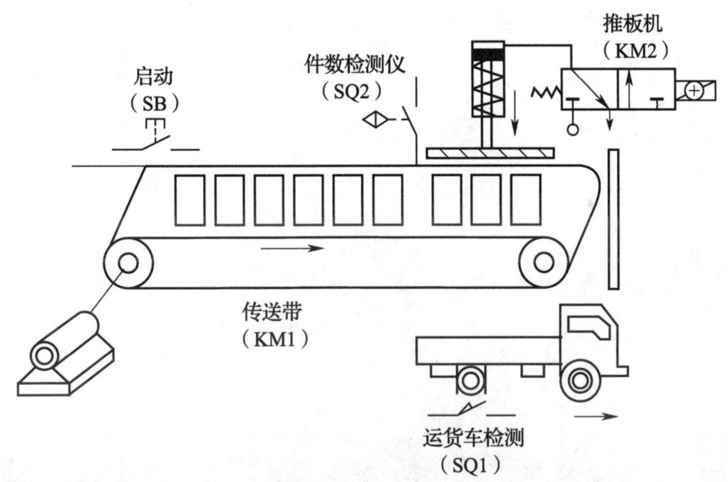

图 2—5—4 传送带控制装置

11. 设计三相双速异步电动机低速启动、高速运行 PLC 控制电路，控制要求如下：

(1) 系统要求具有手动、自动操作方式，自动操作时能实现每天早 8 时启动和晚 11 时停止。

(2) 对于系统的运行状态进行指示以及故障报警指示。低速、高速运行时，指示灯以不同的频率闪烁；当系统故障时指示灯闪烁报警。

(3) 具有短路、过载保护等必要的保护措施。

*五、技能题

1. 题目：用 PLC 进行控制电路的设计，并进行安装与调试。

2. 考核要求

(1) 按图 2—5—5 所示的继电—接触器控制电路的控制功能用 PLC 进行控制电路的设计，并且进行安装与调试。

(2) 电路设计：根据任务，设计主电路电路图，列出 PLC 控制 I/O（输入/输出）口元件地址分配表，根据加工工艺，设计梯形图及 PLC 控制 I/O（输入/输出）口接线图，并能仿真运行。

(3) 安装与接线

1) 将熔断器、接触器、继电器、PLC 装在一块配线板上，而将转换开关、按钮等装在另一块配线板上。

2) 按 PLC 控制 I/O（输入/输出）口接线图在模拟配线板上正确安装，元件在配线板上布置要合理，安装要准确、紧固，配线导线要紧固、美观，导线要进行线槽，导线要有端子标号。

（4）PLC 键盘操作：熟练操作键盘，能正确地将所编程序输入 PLC；按照被控设备的动作要求进行模拟调试，达到设计要求。

（5）通电试验：正确使用电工工具及万用表，进行仔细检查，通电试验，注意人身和设备安全。

（6）考核时间分配

1）设计梯形图、PLC 控制 I/O（输入/输出）口接线图、上机编程时间共 120 min。

2）安装接线时间为 60 min。

3）试机时间为 5 min。

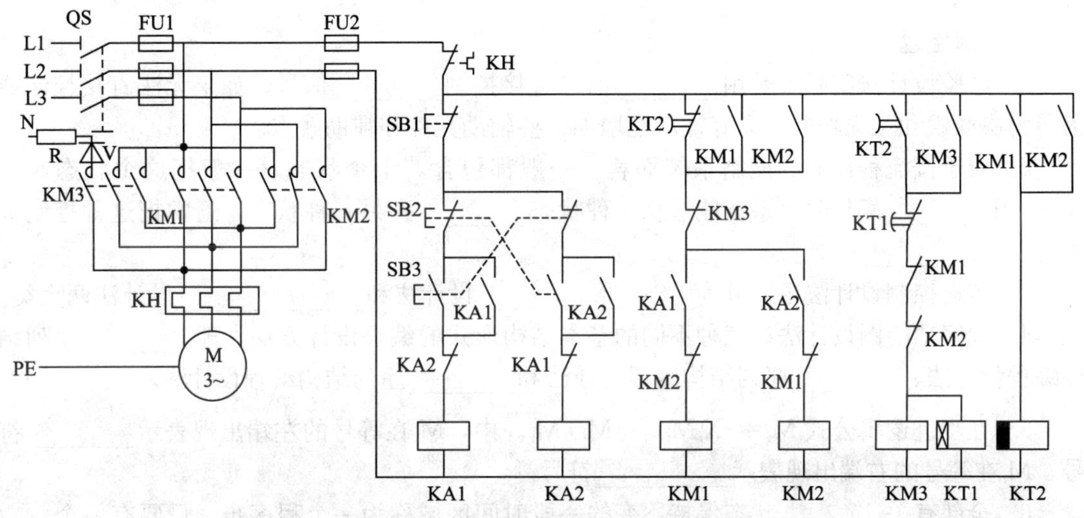

图 2—5—5　正反转能耗控制线路

课题三　顺序控制设计法及顺序控制指令应用

任务1　送料小车三地自动往返循环控制系统设计与装调

一、填空题

1. 经验设计法实际上是用________信号直接控制________信号，如果无法直接控制或为了解决联锁和互锁功能，只好被动地增加一些辅助元件和辅助触点。

2. 对于按流程作业的控制系统而言，一般都包含若干个状态（一般把这个状态叫工序），当________满足时，系统能够从一种状态________到另一种状态，通常把这种控制称为________________。

3. 步进控制设计法主要分为________________设计法和______________设计法两大类。

4. 顺序功能图设计法有三种不同的基本结构形式的编程设计方法，即________序列结构编程设计法、________序列结构编程设计法和________序列结构编程设计法。

5. 在步进逻辑公式 $M_i=(X_iM_{i-1}+M_i)\overline{M_{i+1}}$ 中，M_i 在等号的左端出现表示________符号，M_i 在等号的右端出现表示__________符号。

6. 全部有关________状态保持不变的一段时间区域称为一个程序步。只要有一个__________状态发生变化就转入下一步。

二、判断题

1. 步进顺序控制设计法实际上是用输入信号控制代表各步的编程元件，再用它们控制输出信号。（　　）

2. 将逻辑代数方程式转换成梯形图的方法是根据逻辑代数方程式，利用“启—保—停”电路，通过 PLC 的基本指令，画出对应的梯形图。（　　）

3. 安装双出线接近开关时，应将负载与传感器并联接在电源两端，负载接在蓝线上。（　　）

三、选择题

*1. 步进逻辑公式 $M_i=(M_{i-1}I_i+M_i)\overline{M_{i+1}}$ 中，左边的 M_i 表示（　　）。

A. 触点　　B. 常开触点　　C. 常闭触点　　D. 线圈

*2. 步进逻辑公式 $M_i=(M_{i-1}I_i+M_i)\overline{M_{i+1}}$ 中，右边的 M_i 表示（　　）。

A. 触点　　B. 常开触点　　C. 常闭触点　　D. 线圈

四、简答题

1. 什么是顺序控制设计法？

2. 简述顺序控制设计法与经验设计法的区别。

3. 什么是步进逻辑公式法？简述利用步进逻辑公式法设计程序的步骤。

五、分析题

1. 根据步进逻辑公式画出对应的梯形图。

逻辑代数方程式	对应的梯形图
$M1=(X003 \cdot M4+X001+M1)\overline{M2}\,\overline{X000}$	
$M2=(X004 \cdot M1+X002+M2)\overline{M3}\,\overline{X000}$	

2. 根据梯形图写出对应的步进逻辑公式表达式。

逻辑代数方程式	对应的梯形图
	M2 X001 M1 (M0) M0
	T2 Y000 X000 (Y001) Y001

六、技能题

1. 题目：用 PLC 进行控制线路的设计，并进行安装与调试。

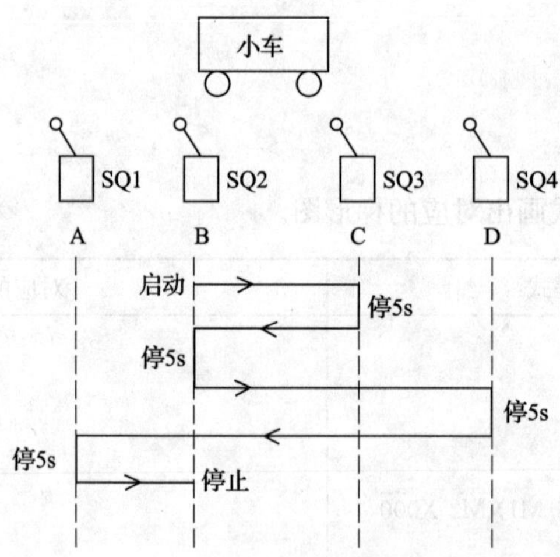

图 3—1—1　小车四地自动往返控制工作示意图

2. 考核要求

（1）按照如图 3—1—1 所示的小车四地自动往返控制工作示意图的控制功能，利用步进逻辑公式设计法进行 PLC 控制系统的程序设计，并进行安装与调试。

（2）电路设计：根据任务，设计主电路电路图，列出 PLC 控制 I/O（输入/输出）口元件地址分配表，根据加工工艺，列出步进控制的逻辑代数方程，并设计出梯形图及 PLC 控制 I/O（输入/输出）口接线图，然后仿真运行。

（3）安装与接线

1）将熔断器、接触器、继电器、PLC 装在一块配线板上，而将行程开关、按钮等装在另一块配线板上。

2）按 PLC 控制 I/O（输入/输出）口接线图在模拟配线板上正确安装，元件在配线板上布置要合理，安装要准确、紧固，配线导线要紧固、美观，导线要进行线槽，导线要有端子标号。

（4）PLC 键盘操作：熟练操作键盘，能正确地将所编程序输入 PLC；按照被控设备的动作要求进行模拟调试，达到设计要求。

（5）通电试验：正确使用电工工具及万用表，进行仔细检查，通电试验，注意人身和设备安全。

（6）考核时间分配

1）设计梯形图、PLC 控制 I/O（输入/输出）口接线图、上机编程时间共 90 min。

2）安装接线时间为 60 min。

3）试机时间为 5 min。

任务2 液体自动混合装置控制系统设计与装调

一、填空题

1. ________是构成顺序功能图的重要软元件，它要与________指令配合使用。

2. FX系列PLC的状态继电器中，初始状态继电器为________，通用状态继电器为________。

3. 写出下列指令的功能：

STL：________________；RET：________________。

4. 与STL步进触点相连的触点应使用________或________指令。

5. 顺序功能图主要由________、________、________、________和________五大要素组成。

6. 转换的实现必须同时满足以下两个条件：________________，________________。

7. 顺序功能图常用的编程方法有三种：________________的编程方法、________________的编程方法以及________________的编程方法。

二、判断题

*1. 在任何一步之内，各输出量的ON/OFF状态不变，但是相邻两步输出量的状态是不同的。（ ）

2. 转换条件可以是外部的输入信号，也可以是可编程序控制器内部产生的信号。（ ）

*3. 两个步绝对不能直接相连，必须用转换将它们隔开。（ ）

*4. 转换与转换之间不能直接相连，必须用步将它们隔开。（ ）

*5. 单序列结构形式没有分支，其每一步的后面只有一个转换，每一个转换后面只有一步。（ ）

*6. 选择序列结构形式有分支，当转换条件满足时有两个或两个以上的步同时激活。（ ）

*7. 并行序列结构形式有分支，在当前步执行完时有两个或两个以上的步可转移。（ ）

*8. 在顺序功能图中，如果某一转换所有的前级步都是活动步，并且满足相应的转换条件，则转换实现。（ ）

*9. 在顺序功能图中，使用启—保—停电路的编程方法时，在不出现双线圈的情况下可以将输出继电器Y的线圈直接与对应的步元件辅助继电器线圈并联。（ ）

*10. 在以转换为中心的编程方法中，当某转换实现时，要使用置位指令对该转换的前级步对应的辅助继电器位置位。（ ）

*11. 在以转换为中心的编程方法中，当某转换实现时，要使用复位指令对该转换的后续步对应的辅助继电器位复位。（ ）

12. 使用以转换为中心的编程方法时，可以将输出继电器Y的线圈直接与置位指令和复位指令并联。（ ）

13. 使用以转换为中心的编程方法时，可以将定时器T的线圈直接与置位指令和复位

指令并联。 （ ）

14. 使用以转换为中心的编程方法时，可以将计数器 C 的线圈直接与置位指令和复位指令并联。 （ ）

三、选择题

*1. 顺序功能图中不包括的组成部分是（ ）。

A. 步　B. 有向连线　C. 转换　D. 线圈

*2. 在顺序功能图中，步是根据（ ）的状态变化来划分的。

A. 输入量　B. 输出量　C. 输入量和输出量　D. 辅助继电器

*3. （ ）不可以作为转换条件。

A. 输入信号　B. 输出信号　C. 定时器触点　D. 计数器触点

四、简答题

1. 使用状态继电器时需要注意哪些事项？

2. 简述顺序功能图的组成要素及基本结构形式。

3. 什么是以转换为中心的编程方法？使用以转换为中心的编程方法时应该注意些什么？

4. 在顺序功能图中使用步进顺控指令时应注意哪些事项？

五、编程题

1. 某一控制系统的顺序功能图如图 3—2—1 所示。试使用以转换为中心的编程方法画出其梯形图。

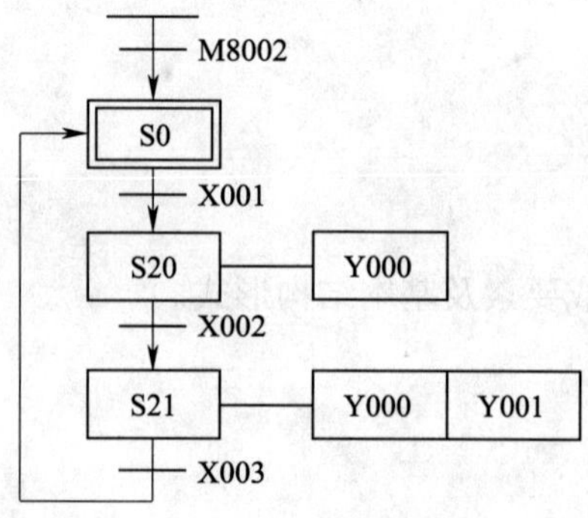

图 3—2—1　顺序功能图

2. 根据图 3—2—2 所示顺序功能图画出对应的梯形图，并写出指令表。

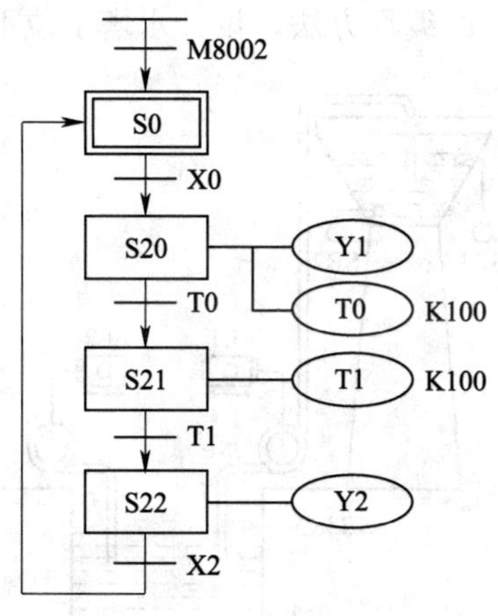

图 3—2—2 顺序功能图

3. 如图 3—2—3 所示为水塔水位的模拟控制。要求运用 PLC 顺序控制设计法，绘制其顺序功能图，通过以转换为中心的编程方法，设计水塔水位 PLC 控制程序。

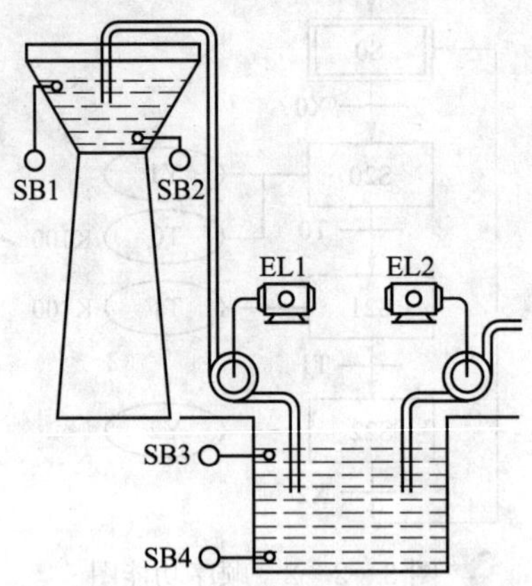

图 3—2—3　水塔水位的模拟控制

控制要求如下：

(1) 按下按钮 SB4，水池需要进水，灯 EL2 亮；直到按下按钮 SB3，水池水位到位，灯 EL2 灭；按下按钮 SB2，表示水塔水位低需进水，灯 EL1 亮，进行抽水；直到按下按钮 SB1，水塔水位到位，灯 EL1 灭，过 2 s 后，水塔放完水后重复上述过程即可。

(2) 具有短路保护等必要的保护措施。

4. 某彩灯工作系统的时序图如图 3—2—4 所示。按下启动按钮，红、黄、绿三种颜色的彩灯顺序点亮后，再一起熄灭，然后按上述步骤循环工作。根据顺序控制设计法采用以转换为中心的编程方法来设计梯形图程序。

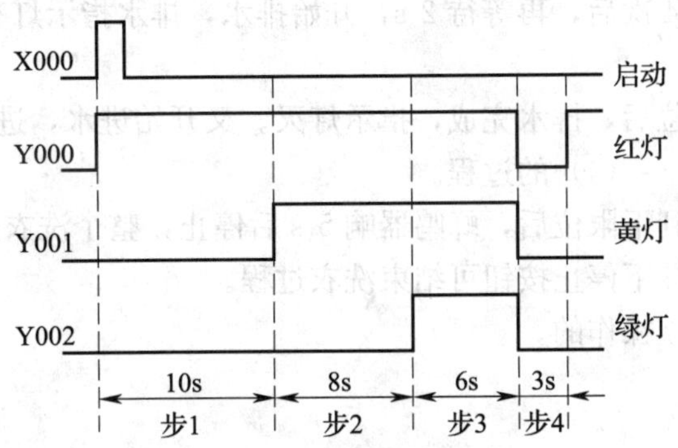

图 3—2—4　彩灯工作系统的时序图

5. 试运用 PLC 顺序控制设计法，绘制以辅助继电器 M 代表步的顺序功能图，通过以转换为中心的编程方法，设计全自动洗衣机洗衣过程 PLC 控制程序。

全自动洗衣机洗衣过程的控制要求如下：

（1）洗衣机接通电源后，按下启动按钮，首先进水阀打开，进水指示灯亮。

（2）当水位达到上限位时，进水指示灯灭，搅轮正转进行正向洗涤 40 s；时间到停 2 s 后，再进行反向洗涤 40 s，正反向洗涤需重复 4 次。

（3）等待洗涤重复 4 次后，再等待 2 s，开始排水，排水指示灯亮。然后，甩干桶甩干，指示灯亮。

（4）当水位到下限位后，排水完成，指示灯灭。又开始进水，进水指示灯亮。

（5）重复 4 次（1）～（4）的过程。

（6）当第 4 次排水到下限位后，蜂鸣器响 5 s 后停止，整个洗衣过程结束。

（7）操作过程中，按下停止按钮可结束洗衣过程。

（8）手动排水是独立操作的。

六、技能题

1. 题目：用 PLC 单序列结构顺序功能图 SFC 设计控制程序，并进行安装与调试。

某生产流水线控制如图 3—2—5 所示。小车用电动机拖动，其控制要求如下：

（1）第一次按下启动按钮 SB1 时，小车前进到 B 处停 3 min 后，退回到 A 处停车。

（2）第二次按下启动按钮 SB1 时，小车前进到 C 处停 5 min 后，退回到 A 处停车。

（3）第三次按下启动按钮 SB1 时，小车前进到 D 处停 6 min 后，退回到 A 处停车。

（4）第四次按下启动按钮 SB1 时，小车前进到 B 处停 4 min 后，退回到 A 处停车。

（5）再次按下启动按钮 SB1 时，循环以上动作。

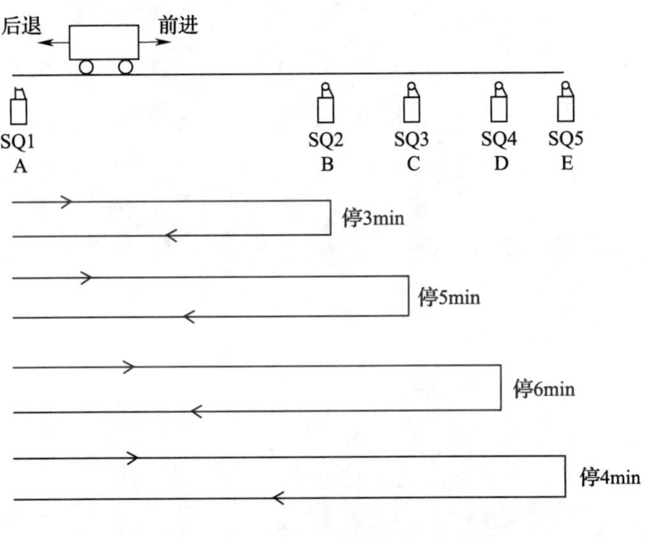

图 3—2—5　小车控制工作示意图

2. 考核要求：

（1）按照如图 3—2—5 所示的小车工作示意图的控制功能，用单序列顺序功能图的编程设计法进行 PLC 控制系统的程序设计，并且进行安装与调试。

（2）电路设计：根据任务，设计主电路电路图，列出 PLC 控制 I/O（输入/输出）口元件地址分配表，根据加工工艺，列出步进控制的顺序功能图，并设计出梯形图及 PLC 控制 I/O（输入/输出）口接线图，然后仿真运行。

（3）安装与接线

1）将熔断器、接触器、继电器、PLC 装在一块配线板上，而将行程开关、按钮等装在另一块配线板上。

2）按 PLC 控制 I/O（输入/输出）口接线图在模拟配线板上正确安装，元件在配线板上布置要合理，安装要准确、紧固，配线导线要紧固、美观，导线要进行线槽，导线要有端子标号。

（4）PLC 键盘操作：熟练操作键盘，能正确地将所编程序输入 PLC；按照被控设备的动作要求进行模拟调试，达到设计要求。

（5）通电试验：正确使用电工工具及万用表，进行仔细检查，通电试验，注意人身和设备安全。

(6) 考核时间分配

1）设计梯形图、PLC 控制 I/O（输入/输出）口接线图、上机编程时间共 120 min。

2）安装接线时间为 60 min。

3）试机时间为 5 min。

任务3　自动门控制系统设计与装调

一、填空题

1. 有一些分支、汇合组合的顺序功能图，它们连续地直接从汇合线移到下一个分支线，而没有中间状态，不能直接编程，处理时可插入________________，之后的顺序功能图就可以进行编程了。

2. 在分支、合并的处理程序中，不能用______________、______________、______________、______________、______________指令。

3. 在采用选择序列合并编程时，同一状态继电器的STL触点只能在梯形图中使用__________次。串联的STL触点的个数不能超过__________次，也就是说，一个并行序列中的序列数不能超过_______个。

二、判断题

*1. 选择序列各分支状态的转移由各自条件选择执行，不能同时转移两个或两个以上的分支状态。　（　　）

*2. 选择序列分支时是先分支后条件；选择序列合并时是先条件后合并。　（　　）

3. 紧急停止是指在执行完当前运行周期后停止。　（　　）

三、选择题

*1. 选择性序列顺序功能图分支开始和合并结束的水平连线都是（　　），且分支开始和合并结束的转换条件都是在水平连线（　　）。

A. 单线　　B. 双线　　C. 之内　　D. 之外

*2. 如图3—3—1所示，如果步5为活动步且转换条件h=1，则发生由步5→步（　　）的进展。

A. 5　　B. 6　　C. 9　　D. 11

3. 如图3—3—2所示，如果转换条件n=1，则发生由步（　　）→步5的进展。

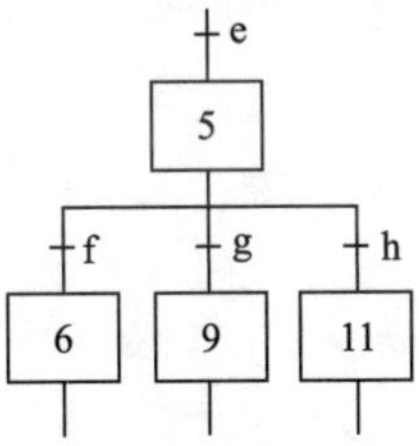

图3—3—1

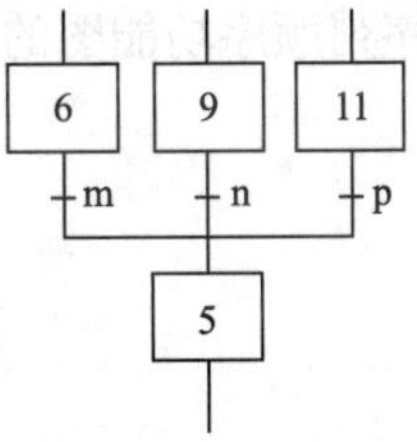

图3—3—2

A. 5　　B. 6　　C. 9　　D. 11

4. 如图3—3—3所示，如果发生由步S0到步S22的转换，则开始执行的装载顺序控制继电器指令是（　　）。

A. AND　X000　　B. AND　X001

C. AND　X002　　D. AND　X003

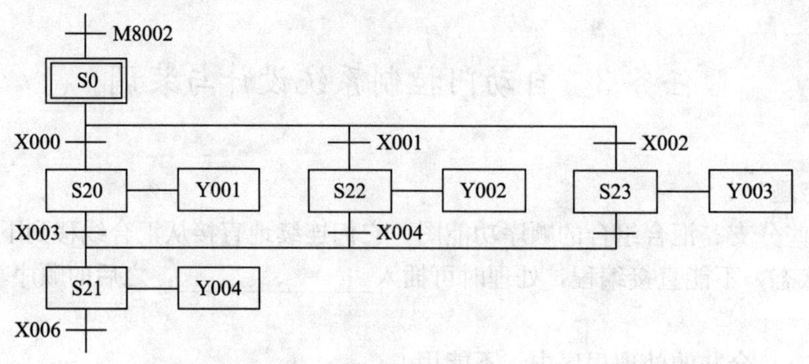

图 3—3—3

5．如图 3—3—3 所示，如果步 S0 为活动步，且转换条件 X002 为 1，则发生步的转换用顺序控制继电器转换指令表示为（　　）。

A．SET　S20　B．SET　S21　C．SET　S23　D．SET　S22

四、简答题

1．选择序列顺序功能图的特点是什么？

2．简述选择序列顺序功能图的编程方法。

五、编程题

1. 根据图 3—3—4 所示顺序功能图编写相对应的梯形图。

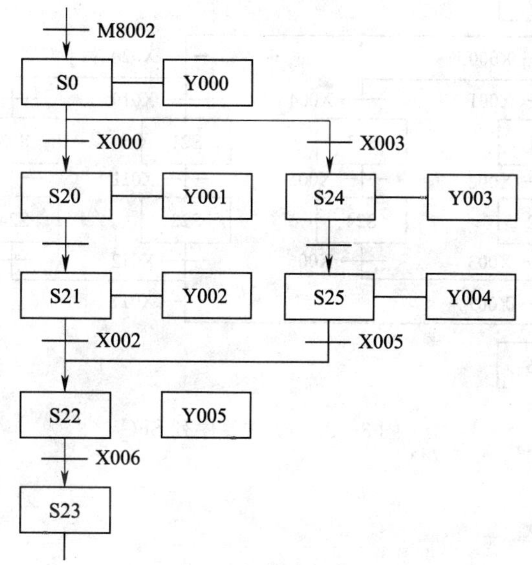

图 3—3—4　顺序功能图

2. 化简图 3—3—5 所示的 SFC，并将其转换成步进梯形图和指令表。

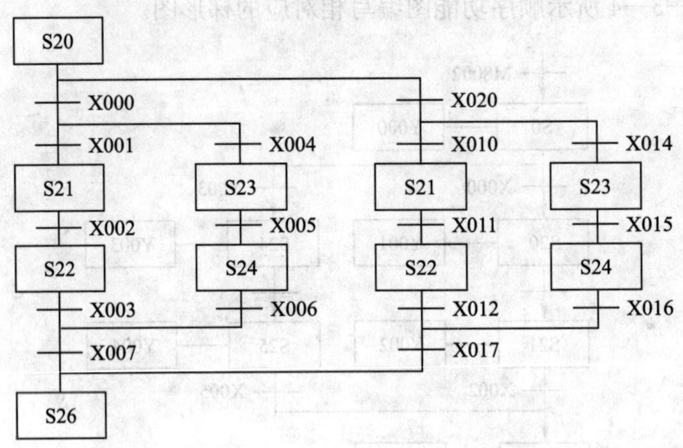

图 3—3—5 选择序列 SFC

3. 根据 PLC 顺序控制设计法，绘制以编程元件 S 代表步的选择序列结构的顺序功能图，通过使用 STL 指令编程设计 3 台电动机顺序启动逆序停止 PLC 控制梯形图程序。具体生产工艺要求为：按下启动按钮，M1 启动；运行 4 s 后，M2 启动；再运行 5 s 后，M3 启动。按下停止按钮，M3 停止；10 s 后，M2 停止；再过 20 s 后，M1 停止。当任何一台电动机发生过载故障时，3 台电动机立即停止。

4. 如图 3—3—6 所示为分拣大、小球的自动装置。要求运用 PLC 顺序控制设计法，绘制以编程元件 S 代表步的选择序列结构的顺序功能图，通过使用 STL 指令的编程方法，完成输送机分拣大小球的 PLC 控制系统设计。

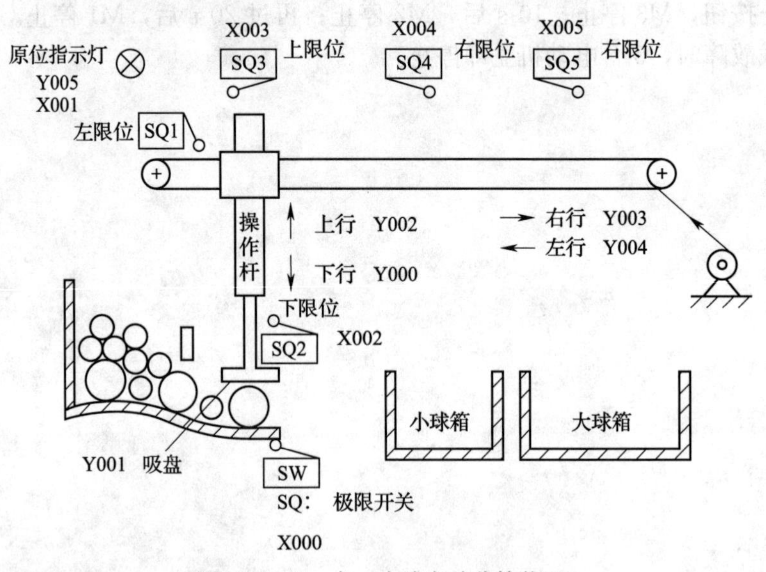

图 3—3—6 大、小球自动分拣装置

控制要求如下：

(1) 当输送机处于起始位置时，上限位开关 SQ3 和左限位开关 SQ1 被压下，极限开关 SQ 断开。

(2) 启动装置后，操作杆下行，一直到 SQ 闭合。此时，若碰到的是大球，则 SQ2 仍为断开状态，若碰到的是小球则 SQ2 为闭合状态。

(3) 接通控制吸盘的电磁阀线圈 Y001。

(4) 假设吸盘吸起的是小球，则操作杆向上行，碰到 SQ3 后，操作杆向右行；碰到右限位开关 SQ4（小球的右限位开关）后，再向下行，碰到 SQ2 后，将小球释放到小球箱里，然后返回到原位。

(5) 如果启动装置后，操作杆下行一直到 SQ 闭合后，SQ2 仍为断开状态，则吸盘吸起的是大球，操作杆右行碰到右限位开关 SQ5（大球的右限位开关）后，将大球释放到大球箱里，然后返回到原位。

(6) 具有短路保护等必要的保护措施。

(7) 用 PLC 控制方式实现上述控制功能。

六、技能题

1. 题目：用选择性序列结构编程方法设计带式运输机的控制，并进行安装与调试。

有一带式运输机装置主要由三台带式运输机带 1、带 2 和带 3 组成，每台带式运输机分别由各自的电动机所拖动，各台运输机之间有着密切的关系，其控制要求如下：

(1) 带式运输机装置启动运行时，按下启动按钮后，首先启动运行带 3；经过 5 s 的延时，带 2 自动启动运行；再经 5 s 的延时，带 1 自动启动运行。

(2) 带式运输机装置停止时的过程与启动相反。按下停止按钮后，先停止带 1，延时 5 s 后带 2 自动停止，再过 5 s 后带 3 自动停止。

(3) 当带式运输机装置中的任意一台带式运输机发生故障时，该台带式运输机前面的带式运输机会立即停止工作，而该台带式运输机后面的带式运输机必须依次延时 5 s 停止运行。例如，M2 发生故障，则 M1、M2 立即停止，而 M3 在 M2 停止运行 5 s 后停止运行。

2. 设计要求：

(1) 写出输入、输出元件与 PLC 地址对照表。

(2) 画出 PLC 接线图。

(3) 画出带式运输机的状态流程图（SFC）。

(4) 设计出完整的梯形图。

(5) 写出指令表。

(6) 将程序输入 PLC 机。

(7) 模拟调试。

3. 考核内容

(1) PLC 接线图设计

1) PLC 输入、输出接线图正确。

2) PLC 电源接线图、负载电源接线图完整。

（2）程序设计

1）输入、输出元件与 PLC 地址对照表符合被控设备实际情况及 PLC 数据范围。

2）状态流程图、梯形图及指令表正确。

（3）程序输入及模拟调试

1）能正确地将所编程序输入 PLC。

2）按照被控设备的动作要求进行模拟调试，达到设计要求。

4. 考核时间分配

（1）设计梯形图、PLC 控制 I/O 口接线图、上机编程时间共 90 min。

（2）安装接线时间为 60 min。

（3）试机时间为 5 min。

任务4　十字路口交通灯控制系统设计与装调

一、填空题

1. 顺序过程进行到某步，若该步后面有多个分支，而当该步结束后，若__________满足，则同时开始____________分支的顺序动作；若全部分支的顺序动作同时结束后，汇合到____________状态，这种顺序控制过程的结构就是并行序列结构。

2. 并行序列也有开始和结束之分，并行序列的开始称为__________，并行序列的结束称为____________。

3. 在并行序列中，编程的原则与选择序列编程的原则基本一样，也是先进行________处理，然后处理动作。在状态转换处理中，先集中处理__________，然后处理分支内部状态转换，最后集中处理__________。

二、判断题

*1. 并行序列顺序功能图结构形式有分支，在当前步执行完时有两个或两个以上的步可同时转移。（　）

2. 单周期工作方式是指在初始状态按下启动按钮，从初始步开始，完成顺序功能图中一个周期的工作后，返回并停留在初始步。（　）

3. 连续工作方式是指在初始状态按下启动按钮后，从初始步开始，系统工作一个周期后又开始下一个周期的工作，如果没有按停止按钮，系统将这样反复连续地工作。（　）

4. 在连续工作方式下顺序控制系统中，按下停止按钮，并不马上停止工作，要等到完成最后一个周期的工作后，系统才返回并停留在初始步。（　）

三、选择题

1. 并行序列顺序功能图分支和合并的水平连线都是（　），且分支开始和合并结束的转换条件都是在水平连线（　）。

A. 单线　　B. 双线　　C. 之内　　D. 之外

*2. 在并行序列顺序功能图中，（　）起到合并各并行分支的作用。

A. 初始步　　B. 活动步　　C. 等待步　　D. 虚设步

*3. 在并行序列顺序功能图中，（　）无实质性动作，只是在各并行序列的合并处进行选择性切换。

A. 初始步　　B. 活动步　　C. 等待步　　D. 虚设步

4. 如图3—4—1所示，如果步S0为活动步且转换条件X000＝1，则发生由步S0→步（　）的进展。

A. S21、S22　　B. S21、S23

C. S21、S22、S23　　D. S22、S23

5. 如图3—4—1所示，当步（　）为活动步且转换条件X004＝1时，则步S27会变为活动步。

A. S24、S25　　B. S24、S25、S26

C. S24、S26　　D. S25、S26

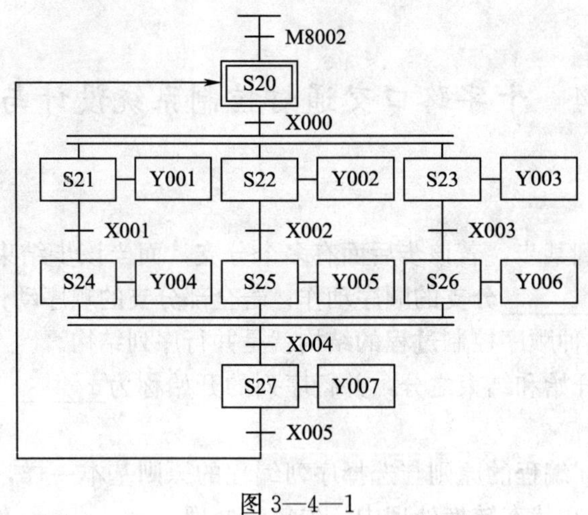

图 3—4—1

6. 如图 3—4—1 所示，如果步 S20 为活动步，且转换条件 X000 为 1，则发生步的转换用梯形图程序表示为（　　）。

A. S20　X000　[SET　S21]　[SET　S22]　[SET　S23]

B. S20　X000　[SET　S21]

C. S20　X000　[SET　S22]

D. S20　X000　[SET　S23]

四、简答题

1. 并行序列顺序功能图的特点是什么？

2. 简述并行序列顺序功能图的编程方法。

3. 选择序列顺序功能图和并行序列顺序功能图的主要区别是什么？

4. 图 3—4—2 所示的顺序功能图是否正确？如有误，指出并改正。

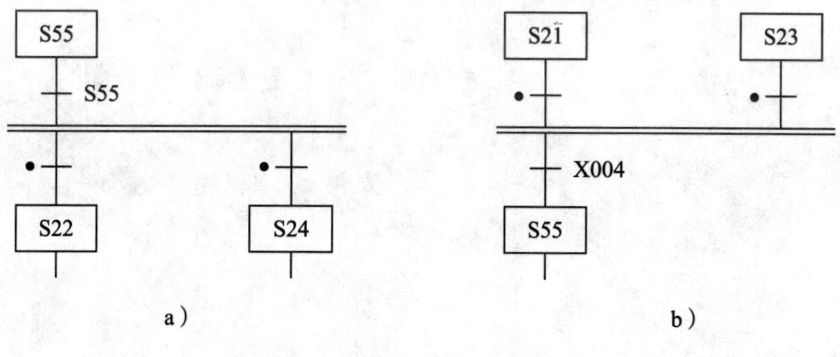

图 3—4—2 顺序功能图

五、编程题

1. 根据图 3—4—3 所示顺序功能图编写相对应的梯形图。

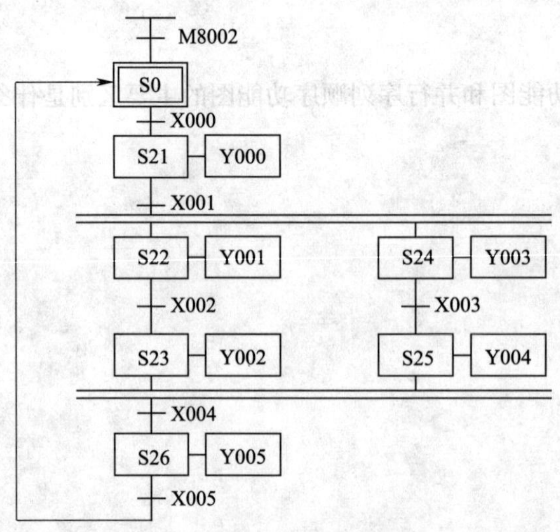

图 3—4—3 顺序功能图

2. 某专用钻床用来加工圆盘状的零件，上面均匀分布的 6 个孔如图 3—4—4 所示。

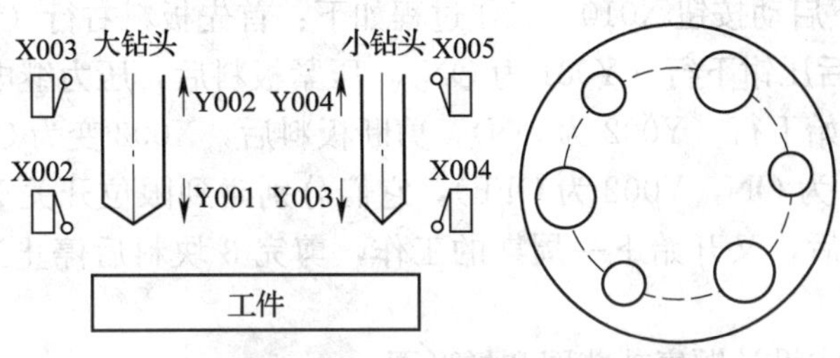

图 3—4—4 某专用钻床结构

开始自动运行时两个钻头在最上面的位置，限位开关 X003 和 X005 为 ON。

操作人员放好工件后，按下启动按钮 X000，Y000 变为 ON，工件被夹紧，夹紧后压力继电器 X001 为 ON，Y001 和 Y003 使两只钻头同时开始工作，分别钻到由限位开关 X002 和 X004 设定的深度时，Y002 和 Y004 使两只钻头分别上行，升到由限位开关 X003 和 X005 设定的起始位置时，分别停止上行，设定值为 3 的计数器 C0 的当前值加 1。两只钻头都上升到位后，若没有钻完 3 个孔，C0 的常闭触点闭合，Y005 使工件旋转 120°，旋转到位时限位开关 X006 为 ON，旋转结束后又开始钻第 2 对孔。3 对孔都钻完后，计数器的当前值等于设定值 3，C0 的常开触点闭合，Y006 使工件松开，松开到位时，限位开关 X007 为 ON，系统返回到初始状态。根据以上控制要求设计顺序功能图和梯形图。

3. 图 3—4—5 是某剪板机的示意图，开始时压钳和剪刀在上限位置，限位开关 X000 和 X001 为 ON。按下启动按钮 X010，工作过程如下：首先板料右行（Y000 为 ON）至限位开关 X003 动作，然后压钳下行（Y001 为 ON），压紧板料后，压力继电器 X004 为 ON，压钳保持压紧，剪刀开始下行（Y002 为 ON）。剪断板料后，X002 变为 ON，压钳和剪刀同时上行（Y003 和 Y004 为 ON，Y002 为 OFF），它们分别碰到限位开关 X000 和 X001 后，分别停止上行，都停止后，又开始下一周期的工作，剪完 3 块料后停止工作，并停在初始状态。

根据以上控制要求设计顺序功能图和梯形图。

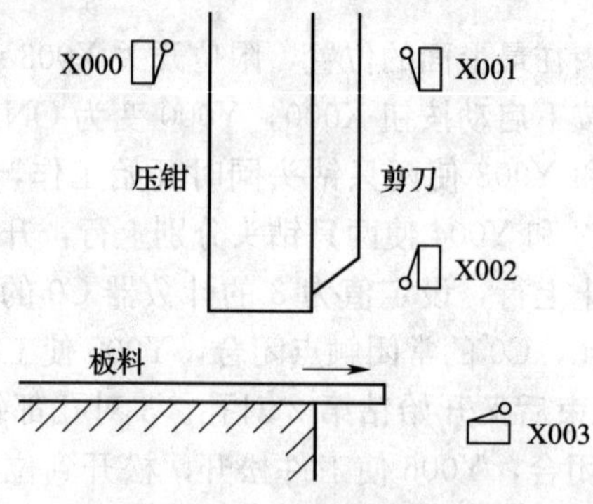

图 3—4—5　某剪板机的示意图

*六、技能题

1. 题目：在道路交通管理中常应用按钮式人行道交通灯，如图3—4—6所示，在正常情况下，汽车通行，即Y003绿灯亮，Y005红灯亮；当行人想过马路，就按按钮。当按下按钮X000（或X001）之后，主干道交通灯将从绿（5 s）→绿闪（3 s）→黄（3 s）→红（20 s），当主干道红灯亮时，人行道从红灯亮转为绿灯亮，15 s以后，人行道绿灯开始闪烁，闪烁5 s后转入主干道绿灯亮，人行道红灯亮。要求利用PLC控制按钮式人行道交通灯，用并行序列的顺序功能图编程，并进行安装与调试。

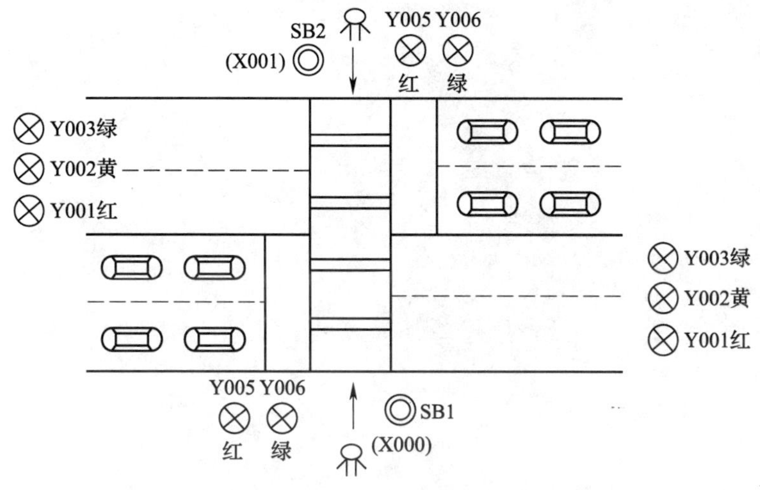

图3—4—6 按钮式人行道交通灯

2. 设计要求

（1）写出输入输出元件与PLC地址对照表。

（2）画出PLC接线图。

（3）画出带式运输机的状态流程图（SFC）。

（4）设计出完整的梯形图。

（5）写出指令表。

（6）将程序输入PLC。

（7）模拟调试。

3. 考核内容

（1）PLC接线图设计

1）PLC输入、输出接线图正确。

2）PLC电源接线图、负载电源接线图完整。

（2）程序设计

1）输入、输出元件与PLC地址对照表符合被控设备实际情况及PLC数据范围。

2）状态流程图、梯形图及指令表正确。

（3）程序输入及模拟调试

1）能正确地将所编程序输入PLC。

2）按照被控设备的动作要求进行模拟调试，达到设计要求。

4. 考核时间分配

（1）设计梯形图、PLC 控制 I/O 口接线图、上机编程时间共 90 min。

（2）安装接线时间为 60 min。

（3）试机时间为 5 min。

课题四　功能指令应用

任务1　霓虹灯控制系统设计与装调

一、填空题

1. 数据寄存器用文字符号________表示，它是用来存储数值数据的字元件，其数值可以通过____________、________________及______________读出与写入。

2. FX系列PLC的数据寄存器分为______________、______________、____________和____________四类。

3. PLC的功能指令又称为____________，是指在完成____________控制、__________控制、__________控制的基础上，PLC制造商为满足用户不断提出的一些特殊控制要求而开发的指令。

4. M8000是____________，在PLC运行时它都处于____________状态，而M8002是____________，仅在PLC运行开始瞬间接通一个____________。

5. 写出下列指令的功能：

MOV：__________________________；ROR：__________________________；

ROL：__________________________。

6. MOV指令__________（能或不能）向T、C的当前寄存器传送数据。

7. ROR、ROL指令通常使用脉冲执行型操作，即在指令后加字母“P”；若连续执行，则循环移位操作每个周期都执行________次。

8. 凡是有前缀显示符号（D）的功能指令，就能处理__________位数据。

二、判断题

*1. 字节左移位指令是将一个字节中的各位二进制数由高位向低位移动。（　　）

*2. 字右移位指令是将一个字中的各位二进制数由低位向高位移动。（　　）

*3. 字节移位指令的最大移位位数为8位。（　　）

*4. 双字移位指令最大实际可移位次数为32。（　　）

5. 循环移位指令由于是循环移位，所以与特殊标志位寄存器无关。（　　）

三、简答题

1. 什么是连续执行方式？什么是脉冲执行方式？

2. 传送指令的功能是什么？

3. 移位指令、循环移位指令的功能是什么？移位指令与循环移位指令有什么不同？

4. 指出图 4—1—1 所示功能指令中的源、目的操作数，并说明 32 位操作数的存放原则。

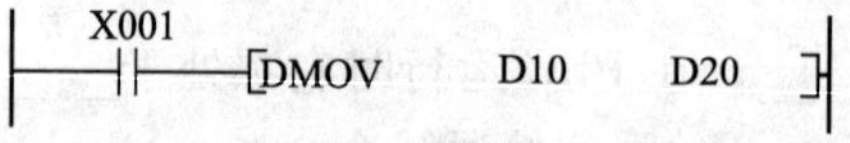

```
 |  X001
 |--| |------[DMOV     D10     D20  ]
 |
```

图 4—1—1　MOV 指令的 32 位操作数方式

5. 指出图 4—1—2 所示功能指令中的字元件和位组件组合，指令执行后 D30 的高 4 位为多少？

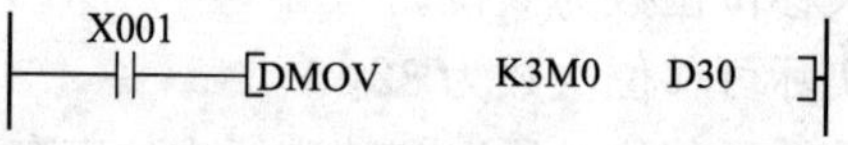

```
 |  X001
 |--| |------[DMOV     K3M0    D30  ]
 |
```

图 4—1—2　MOV 指令的 32 位操作数方式

四、编程题

1. 设有 8 盏指示灯，控制要求是：当 X0 接通时，全部灯亮；当 X1 接通时，奇数灯亮；当 X2 接通时，偶数灯亮；当 X3 接通时，全部灯灭。使用 MOV 指令编写程序。

2. 预选时间的选择控制。某工厂生产的 2 种型号的工件所需加热的时间为 40 s、60 s。使用 2 个开关来控制定时器的设定值，每一开关对应于一设定值；用启动按钮和接触器控制加热炉的通断。使用 MOV 指令编写程序。

3. 用移位指令设计电动机顺序启动控制电路和程序，并完成安装和调试。

控制要求：现有 3 台电动机 M1、M2、M3，要求先启动 M1，经过 2 s 后，M2 自动启动，再经过 2 s 后，M3 自动启动。按停止按钮，3 台电动机一起停车。

五、技能题

1. 题目：用循环移位指令进行流水灯 PLC 控制系统的设计，并进行安装与调试。

某灯光招牌有 HL1～HL16 共 16 盏灯接于 K4Y000，要求当 X000 为 ON 时，流水灯先以正序每隔 1 s 轮流点亮，当 Y017 点亮后，停 3 s，然后以反序每隔 1 s 轮流点亮，当 Y000 再次点亮后，停 3 s，重复上述循环过程。当 X001 为 ON 时，流水灯即刻停止工作。

2. 考核要求

（1）按照控制要求用循环移位指令进行 PLC 控制程序的设计，并且进行安装与调试。

（2）电路设计：根据任务，列出 PLC 控制 I/O（输入/输出）口元件地址分配表，根据控制要求，设计梯形图及 PLC 控制 I/O（输入/输出）口接线图，并能仿真运行。

（3）安装与接线

1）将熔断器、流水灯、PLC 装在一块配线板上，而将转换开关、按钮等装在另一块配线板上。

2）按 PLC 控制 I/O（输入/输出）口接线图在模拟配线板上正确安装，元件在配线板上布置要合理，安装要准确、紧固，配线导线要紧固、美观，导线要进行线槽，导线要有端子标号。

（4）PLC 键盘操作：熟练操作键盘，能正确地将所编程序输入 PLC；按照被控设备的动作要求进行模拟调试，达到设计要求。

（5）通电试验：正确使用电工工具及万用表，仔细进行检查，通电试验，注意人身和设备安全。

（6）考核时间分配

1）设计梯形图、PLC 控制 I/O 口接线图、上机编程时间共 90 min。

2）安装接线时间为 60 min。

3）试机时间为 5 min。

任务2　自动售货机控制系统设计与装调

一、填空题

1. CMP 指令用于将__________数据进行比较，把结果存放在指定的目标中。

2. ZRST 指令属于____________指令，是将指定范围内________类型的元件复位。

3. INC 指令的意义为目标元件当前值 D1＋1→D1。在 16 位运算中，＋32767 加 1 则成__________；在 32 位运算中，＋2147483647 加 1 则成____________。

4. ZCP 指令用于将________数与________数进行比较。

5. 在指令 ZCP 前加“D”表示其操作数为____位的二进制数，在指令后加“P”表示指令为脉冲执行型。

6. ZCP 指令在执行比较操作后，即使其执行条件被破坏，目标操作数的状态仍保持不变，除非用________指令将其复位。

7. 当 ZCP 指令执行时，每扫描一次该梯形图，就将〔S〕内的数与源操作数〔S1〕和〔S2〕进行比较，结果如下：当〔S1〕______〔S〕时，〔D〕＝ON；当〔S1〕______〔S〕______〔S2〕时，〔D＋1〕＝ON；当〔S〕______〔S2〕时，〔D＋2〕＝ON。

8. 触点比较指令相当于一个触点，指令执行时，比较两个操作数〔S1〕、〔S2〕，满足比较条件则触点________。

9. 在触点比较指令前加“D”表示其操作数为 32 位的二进制，在指令后加“P”表示指令为__________。

二、判断题

*1. 数据寄存器是存储数据的软元件，这些寄存器都是 16 位的，可存储 16 位二进制数，最高位为符号位（0 为正数，1 为负数）。（　　）

*2. 一个存储器能处理的数值为－32767～＋32768。（　　）

*3. 32 位寄存器可处理的数据为－2147483648～＋2147183647。（　　）

4. 将两个相邻的寄存器组合可存储 48 位二进制数。（　　）

*5. 在四则运算指令前加“D”就表示其操作数为 32 位的二进制数，在指令后加“P”表示指令为脉冲执行型。（　　）

6. MUL 指令将两个源操作数〔S1〕与〔S2〕数据内容相乘，然后将结果存放于目标操作数〔D＋1〕～〔D〕中。（　　）

7. DIV 指令将两个源操作数〔S1〕与〔S2〕数据内容相除，然后将整数的商存放于目标操作数〔D〕中将余数存放于〔D＋1〕。（　　）

8. SUB 指令将两个源操作数〔S1〕与〔S2〕数据内容相减，然后将结果存放于目标操作数〔D－1〕中。（　　）

9. ADD 指令将两个源操作数〔S1〕与〔S2〕数据内容相加，然后将结果存放于目标操作数〔D＋1〕中。（　　）

三、简答题

1. 将如图 4—2—1 所示的梯形图转换成指令表，并分析其功能。

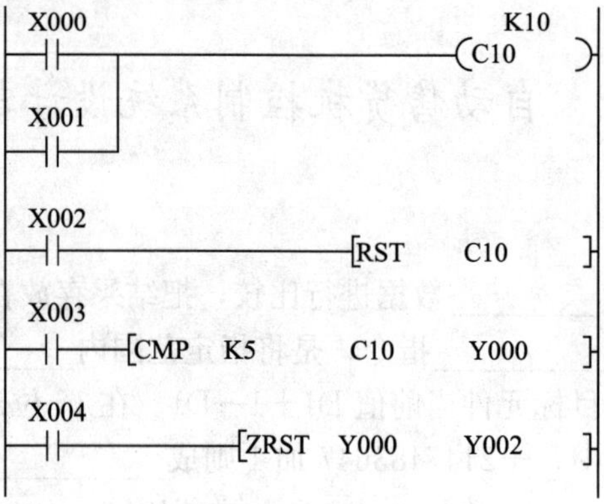

X000 K10
C10
X001
X002
RST C10
X003
CMP K5 C10 Y000
X004
ZRST Y000 Y002

图 4—2—1 梯形图

2. 将如图 4—2—2 所示的梯形图转换成指令表，并分析其功能，写出比较结果。

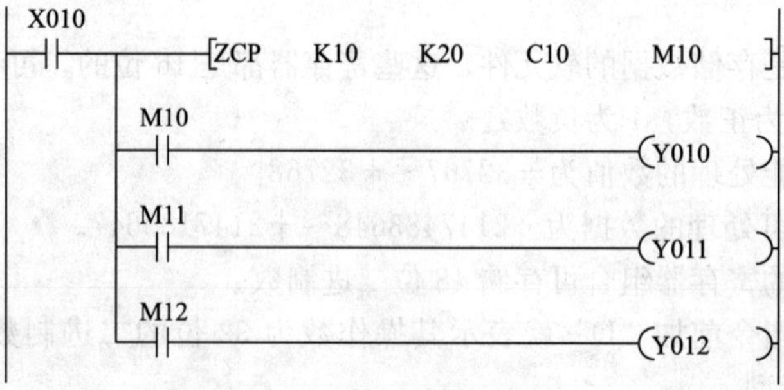

X010
ZCP K10 K20 C10 M10
M10
Y010
M11
Y011
M12
Y012

图 4—2—2 ZCP 指令的应用

3. 将如图 4—2—3 所示梯形图换成指令表。

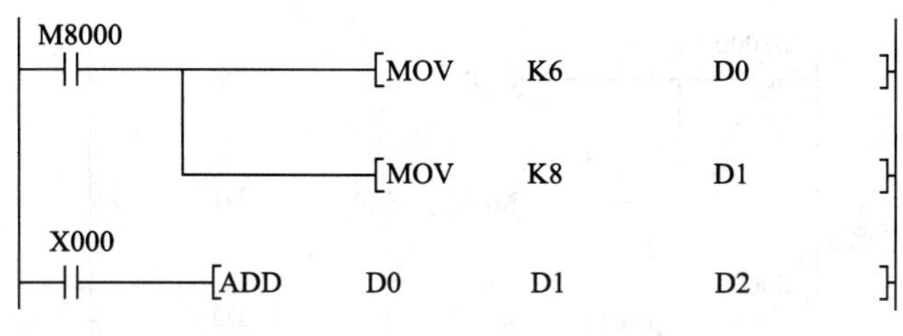

图 4—2—3 加法指令应用梯形图

4. 将如图 4—2—4 所示梯形图转换成指令表。

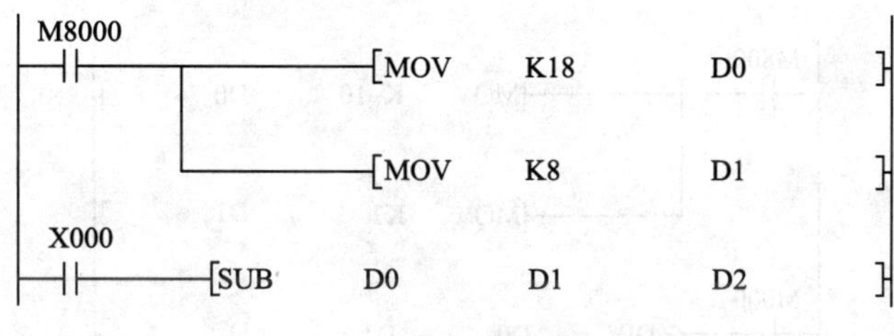

图 4—2—4 减法指令应用梯形图

5. 将如图 4—2—5 所示梯形图转换成指令表。

M8000
MOV K55 D0
MOV K60 D1
M000
MUL D0 D1 D2

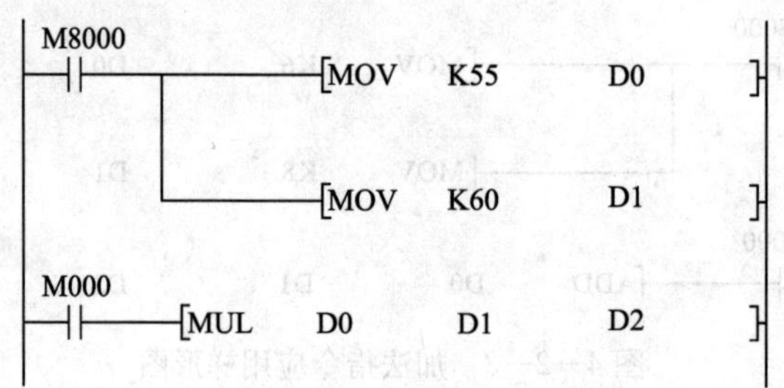

图 4—2—5 乘法指令应用梯形图

6. 将如图 4—2—6 所示梯形图转换成指令表。

M8000
MOV K-10 D0
MOV K3 D1
M000
DIV D0 D1 D2

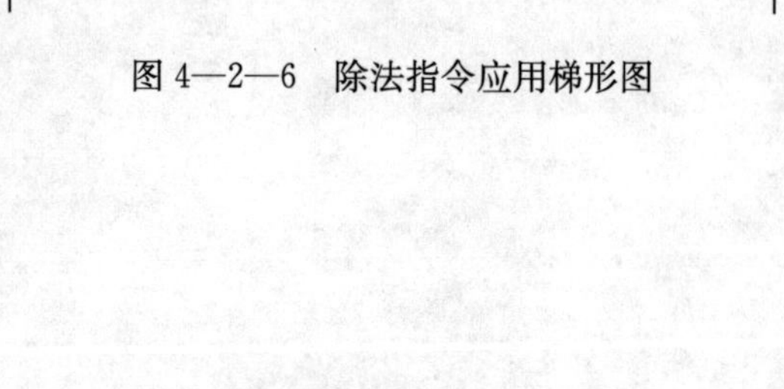

图 4—2—6 除法指令应用梯形图

四、编程题

1. 用PLC的触点比较指令实现路灯亮与灭的控制。控制要求为晚上6：00自动开灯，次日早晨6：00自动关灯。

2. 用乘除法指令实现灯组的移位循环的PLC控制。控制要求如下：

有一组灯共有16只，分别接于Y000～Y017，要求：当按下按钮SB（X000＝ON）时，灯正序每隔1 s单个移位，并循环；当X000＝OFF，并且Y000＝OFF时，灯反序每隔1 s单个移位，至Y000为ON，停止。

五、技能题

1. 题目：用PLC的比较指令CMP实现密码锁的控制。

密码锁有3个置数开关（12个按钮），分别代表3个十进制数，如所拨数据与密码锁设定值相等，则3 s后开锁，20 s后重新上锁。假定密码为K316。

2. 设计要求

（1）写出输入、输出元件与PLC地址对照表。

（2）画出PLC接线图。

（3）设计出完整的梯形图。

（4）写出指令表。

(5) 将程序输入 PLC。

(6) 模拟调试。

3. 考核内容

(1) PLC 接线图设计

1) PLC 输入、输出接线图正确。

2) PLC 电源接线图、负载电源接线图完整。

(2) 程序设计

1) 输入、输出元件与 PLC 地址对照表符合被控设备实际情况及 PLC 数据范围。

2) 梯形图及指令表正确。

(3) 程序输入及模拟调试

1) 能正确地将所编程序输入 PLC。

2) 按照被控设备的动作要求进行模拟调试，达到设计要求。

4. 考核时间分配

(1) 设计梯形图、PLC 控制 I/O 口接线图、上机编程时间共 90 min。

(2) 安装接线时间为 60 min。

(3) 试机时间为 5 min。

课题五　复杂电气设备控制系统改造、设计与装调

任务1　应用PLC改造X62W型万能铣床电气控制系统

一、填空题

1. 将常用机床继电—接触器控制系统升级改造为PLC控制系统时，在满足控制功能的前提下应尽量__________。如果不增加新的控制功能，则________保持不变。

2. 将常用机床继电—接触器控制系统升级改造为PLC控制系统时，如果接触器、电磁阀、电磁离合器等线圈额定电压为380 V，应更换线圈电压为________。

3. 将常用机床继电—接触器控制系统升级改造为PLC控制系统时，控制电路中的中间继电器、时间继电器、计数装置全部去除，其功能可以分别由软元件______、______、______实现。

4. FX_{2N}-48M型PLC的电源电压范围为______________；FX_{3U}-48M型PLC的电源电压为_____。

5. 将常用机床继电—接触器控制系统升级改造为PLC控制系统时，对于原控制系统的一般联锁功能可以用__________来实现，但对于正反转接触器之类的重要互锁，除__________外，还必须具有____________。

6. 为了节省输入点数，两个热继电器的常闭触点________后连接PLC的一个输入端子。

7. 在干扰较强或对可靠性要求很高的场合，可以在PLC的交流电源输入端加接______________和__________。

8. PLC的输入端或输出端接有感性元件时，应在它们两端并联________（对于直流电路）或____________（对于交流电路），以抑制电路断开时产生的电弧对PLC的影响。

二、判断题

*1. PLC控制正反转接触器时，已经采用了软件互锁，就可以不再采用接触器触头的硬件互锁。（　）

*2. 大量的工程实践表明，PLC外部的输入、输出元件的故障率远远高于PLC本身的故障率。（　）

*3. 系统输出量变化不是很频繁时，一般选用继电器型输出模块。（　）

*4. PLC与强电设备可以使用同一个接地装置。（　）

三、简答题

1. 简述应用PLC改造常用机床的原则。

2. 简述应用 PLC 改造常用机床的工艺步骤。

3. PLC 控制系统中接地时应该注意什么问题?

四、技能题（可另附页）

1. 如图 5—1—1 所示为 Z3050 型摇臂钻床继电—接触器控制系统电气原理图。主轴电动机 M1 随时都可以启停，并保持。启动按钮是 SB2，停止按钮是 SB1，接触器是 KM1，热继电器是 KH1，摇臂的升降控制：SB3 是摇臂上升按钮，SB4 是下降按钮，SQ1U 是上升终端限位开关，SQ1D 是下降终端限位开关，KM2 是上升接触器，KM3 是下降接触器。

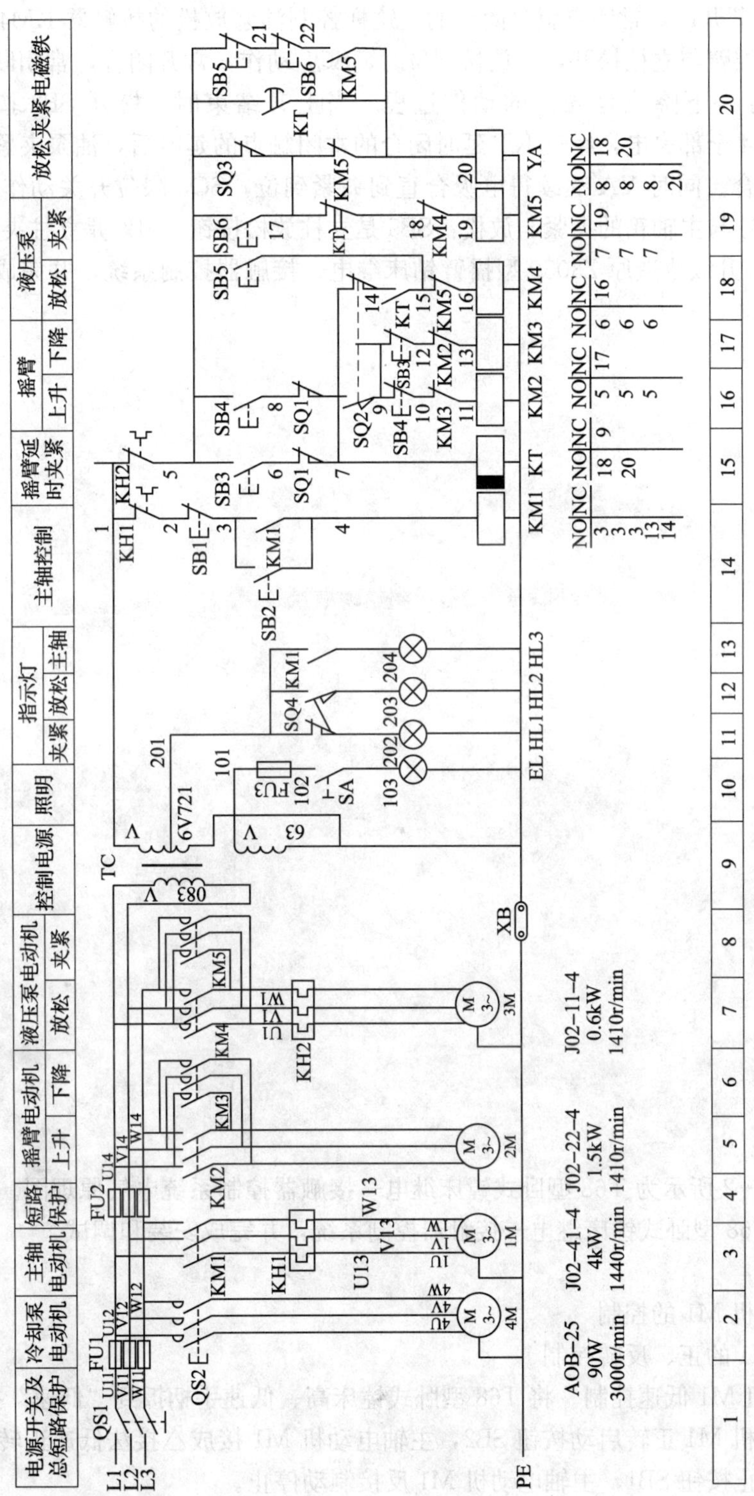

图5—1—1　Z3050型摇臂钻床电气原理图

假设想使摇臂上升，就要按 SB3 按钮，这时如果摇臂是处在抱住立柱的位置，那么 SQ2 限位开关的常开点是断开的，常闭点就是闭合的，这样控制油泵放松的接触器 KM4 与电磁铁 YA 就先得电，使摇臂与立柱松开，当放松到位时，SQ2 动作，常开闭合，常闭断开，这样摇臂就可以上升了。下降也是同样的动作过程。当上升结束时，松开 SB3 按钮，KT、KM2、KM3、KM4 全部失电，经过 KT 延时闭合的常闭触点的延时后，油泵夹紧方向的接触器 KM5 得电吸合。同时 YA 继续得电吸合直到夹紧到位，SQ3 限位开关动作，KM5 与 YA 全部失电。立柱与主轴箱的夹紧与放松：SB5 是立柱放松按钮，SB6 是立柱夹紧按钮。

要求应用 PLC 升级改造原 Z3050 型摇臂钻床继电—接触器控制系统，并完成安装和调试。

2. 如图 5—1—2 所示为 T68 型卧式镗床继电—接触器控制系统电气原理图。要求应用 PLC 升级改造原 T68 型卧式镗床继电—接触器控制系统，并完成安装和调试。

电气控制要求：

(1) 主轴电动机 M1 的控制

主轴电动机 M1 的正、反转控制

1) 主轴电动机 M1 低速控制。将 T68 型卧式镗床高、低速手柄扳到“低速”挡位置：

按下主轴电动机 M1 正转启动按钮 SB2，主轴电动机 M1 接成△接法低速正转；按下主轴电动机 M1 的停止按钮 SB1，主轴电动机 M1 反接制动停止。

按下主轴电动机 M1 的反转启动按钮 SB3，主轴电动机 M1 接成△接法低速反转；按下主轴电动机 M1 的停止按钮 SB1，主轴电动机 M1 反接制动停止。

2）主轴电动机 M1 高速控制。将 T68 型卧式镗床高、低速手柄扳到“低速”挡位置：

按下主轴电动机 M1 正转启动按钮 SB2，主轴电动机 M1 接成△接法低速正转启动；经过一定的时间，主轴电动机 M1 接成 YY 接法高速正转运行。

按下主轴电动机 M1 的反转启动按钮 SB3，主轴电动机 M1 接成△接法低速反转启动；经过一定的时间，主轴电动机 M1 接成 YY 接法高速反转运行。

3）主轴电动机 M1 制动停止控制：

正转制动控制：当主轴电动机 M1 高、低速正向启动运行，其转速达到 120 r/min 时，按下主轴电动机 M1 停止按钮 SB1，主轴电动机 M1 串电阻 R 反转反接制动。当转速下降至 100 r/min 时，主轴电动机 M1 完成正转反接制动控制。

反转制动控制：当主轴电动机 M1 高、低速反转启动运转，其转速达到 120 r/min 时，按下主轴电动机 M1 停止按钮 SB1，主轴电动机 M1 串电阻 R 正转反接制动。当转速下降至 100 r/min 时，主轴电动机 M1 完成反转反接制动控制。

4）主轴电动机 M1 点动、变速控制：

分别按下按钮 SB4 或 SB5，主轴电动机 M1 可正向或反向点动运转。

当拉出主轴变速操作盘时，行程开关 SQ3 复位，主轴电动机 M1 停转。转动主轴变速操作盘，调整转速后，将操作盘压回原位。若主轴变速齿轮不能很好地啮合，则将压下行程开关 SQ6，主轴电动机 M1 作短时冲动，使主轴变速齿轮啮合良好。

（2）进给电动机 M2 的控制

1）机床工作台的纵向和横向进给。将快速手柄扳至快速正向移动位置，行程开关 SQ8 被压下，进给电动机 M2 启动正转，带动各种进给正向快速移动；将快速手柄扳至反向位置时压下行程开关 SQ7，进给电动机 M2 反向启动运转，带动各种进给反向快速移动。

2）进给变速控制。进给变速控制的控制过程与主轴变速控制过程基本相同，只不过拉出的变速手柄是进给变速操作手柄，将主轴变速控制中的行程开关 SQ3 换成 SQ4，而进给变速冲动的行程开关为 SQ5。

（3）具有必要的短路、过载等保护功能。

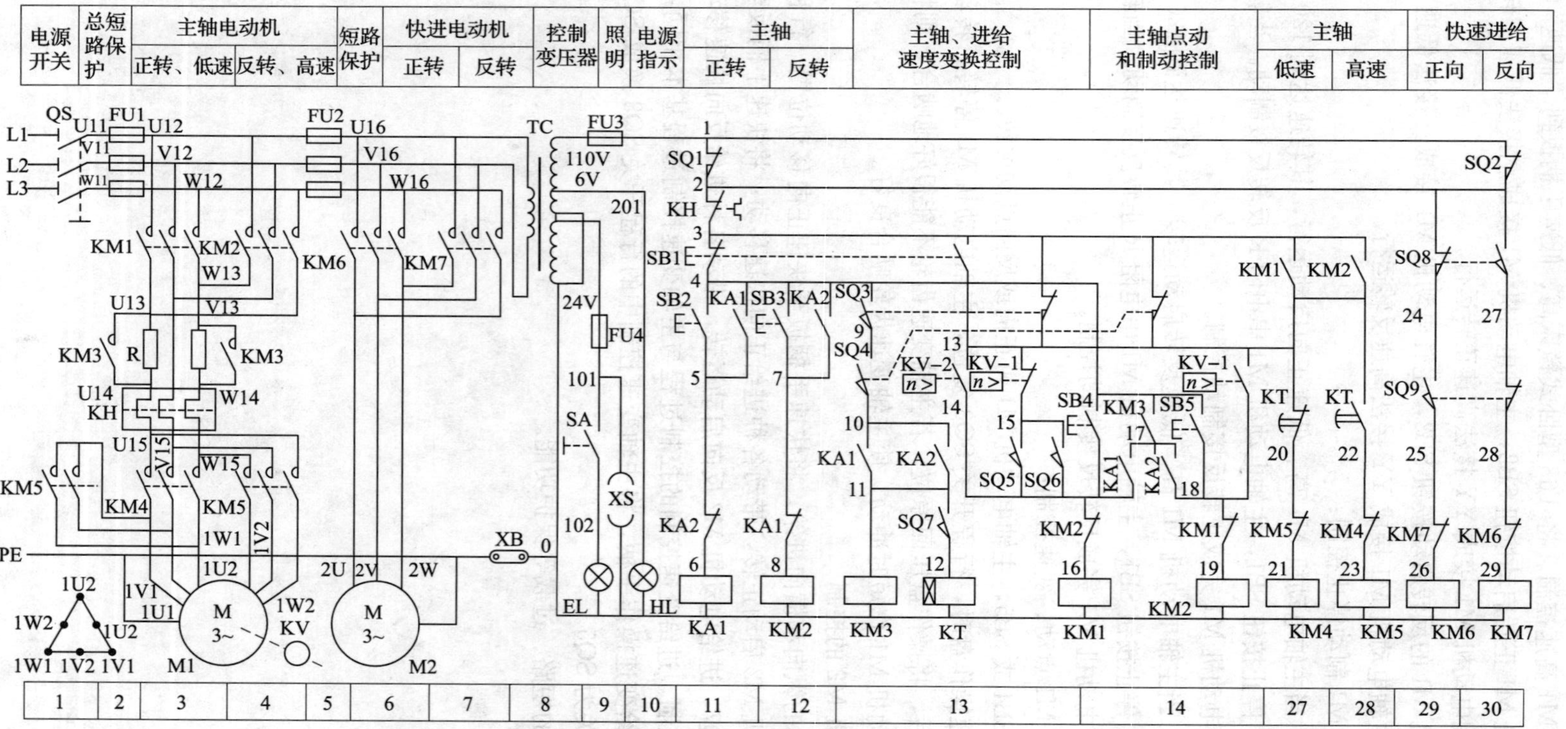

图5—1—2 T68卧式镗床电气原理图

任务2　应用PLC设计双面钻孔组合机床电气控制系统

一、填空题

1. 较简单系统的梯形图可以用__________法设计，复杂系统的梯形图一般采用______________法设计。

2. 在联机总调试过程中将暴露出系统中可能存在的____________、____________和____________等硬件方面的问题，以及可编程序控制器外部接线图和梯形图设计中的问题。

3. PLC控制器因工作稳定、可靠而被广泛应用于生产实践中，虽然故障率低，但也有出故障的时候，当遇到PLC系统发生故障时，应从________________等方面着手进行检修。

4. PLC最大的薄弱环节在于______________。

二、选择题

*1. PLC用于实现替代（　　）的功能。

A. 传统继电—接触器控制系统　　B. PLC控制系统

C. 工控机系统　　D. 传统开关按钮型操作面板

*2. 下列不属于非致命错误的是（　　）。

A. 程序编译错误　　B. I/O错误

C. 存储卡失灵　　D. 程序执行错误

*3. 下列不属于编译规则错误的是（　　）。

A. 非法指令　　B. 堆栈溢出

C. 标号重复　　D. 比较节点间接寻址

*4. 下列不属于主要故障检查的是（　　）。

A. 电源故障检查　　B. 电池更换

C. 输入/输出检查　　D. 环境条件检查

*5. PLC的一输入行程开关动作后，输入继电器无响应，同时指示灯也不亮。下列对故障的分析不正确的是（　　）。

A. 行程开关故障　　B. CPU模块故障

C. 输入模块故障　　D. 传感器供电电源故障

*6. PLC的一输出继电器控制的接触器不动作，检查发现对应的继电器指示灯亮。下列对故障的分析不正确的是（　　）。

A. 接触器故障　　B. 端子接触不良

C. 输出继电器故障　　D. 软件故障

三、简答题

1. PLC控制系统设计的基本原则及主要内容是什么？

2. 简述可编程序控制器控制系统设计与调试的步骤。

3. 在进行 PLC 的硬件系统设计时要注意哪些问题?

四、技能题

多工步机床是用于加工棉纺锭子锭脚的一种加工机床，其锭脚加工工艺比较复杂，零件加工前为实心配件，整个机械加工过程由七个工步要求依次进行切割，七个工步依次为：钻孔、车平面、钻深孔、车外圆及钻孔、粗绞双节孔及倒角、精绞双节孔、绞锥孔。各加工工步的动作循环图见表 5—2—1。

表 5—2—1　　多工步机床加工工步

工位	工步	工步名称	工步内容	工步动作分解
1	1	钻孔	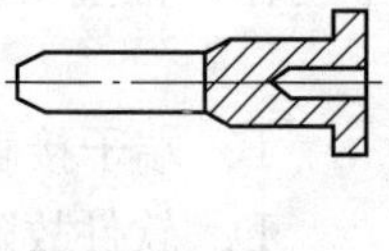	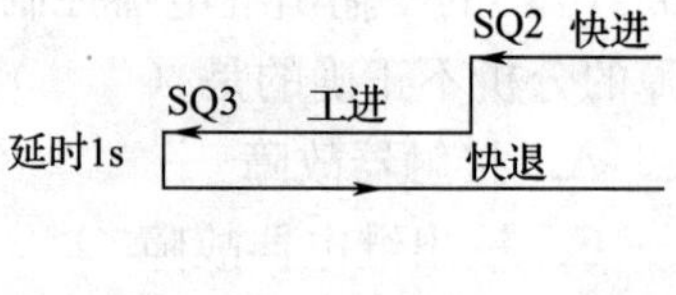 SQ2 快进 SQ3 工进 延时1s 快退
2	2 3	车平面钻深孔	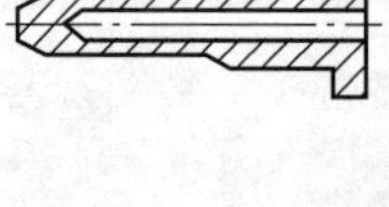	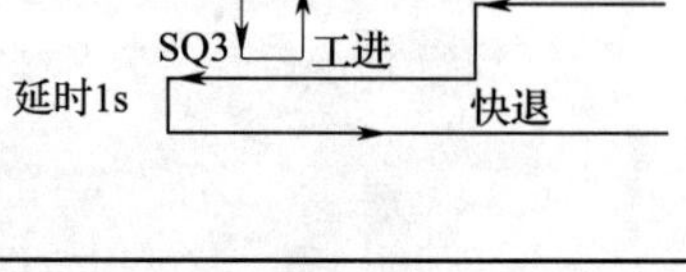 SQ2 快进 SQ3 工进 延时1s 快退

续表

工位	工步	工步名称	工步内容	工步动作分解
3	4	车外圆及钻孔	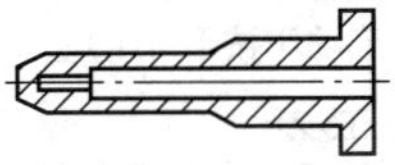	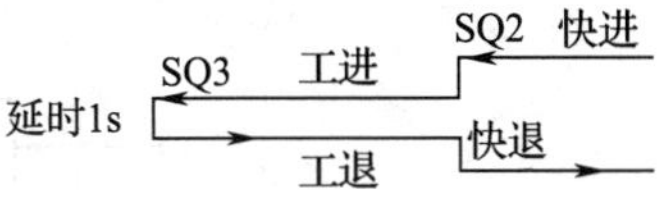 SQ2 快进 SQ3 工进 延时1s 快退 工退
4	5	粗铰双节孔及倒角	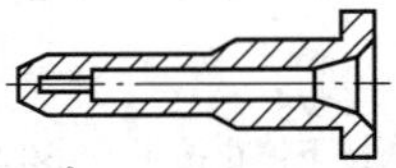	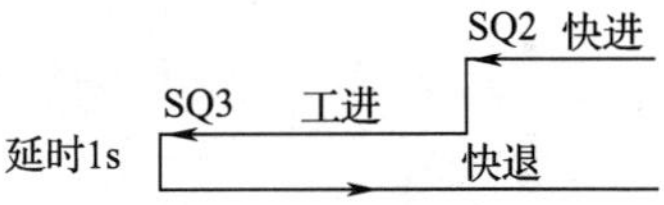 SQ2 快进 SQ3 工进 延时1s 快退
5	6	粗铰双节孔	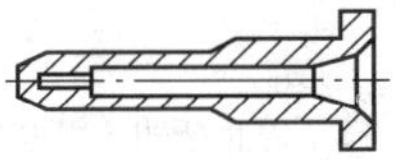	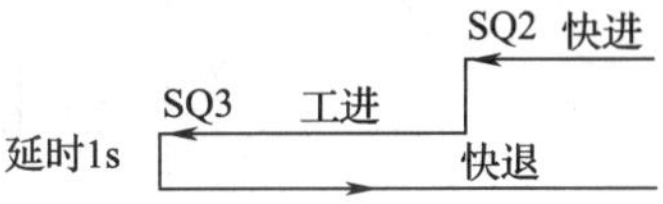 SQ2 快进 SQ3 工进 延时1s 快退
6	7	铰锥孔	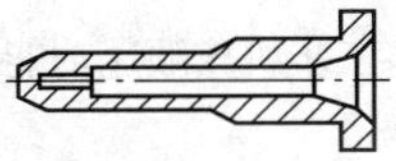	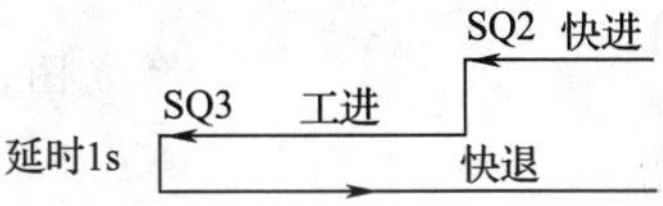 SQ2 快进 SQ3 工进 延时1s 快退

多工步机床的结构由主轴、大小拖板、回转工作台组成。加工时工件由主轴上的夹头夹紧，并由主轴电动机 M1 驱动做旋转运动，大拖板载着回转台做横向进给运动，其进给速度由双速电动机 M2 控制，可实现工进（低速）和快进（高速）。回转台还可以进行旋转（工位 1～工位 6），由电动机 M3 控制。小拖板载着工作台做纵向进给运动，其运动由两位电磁阀控制气缸完成，电磁阀线圈得电时，气缸顶出使工作台纵向前进；失电时，气缸复位使工做台纵向后退。

要求应用 PLC 设计多工步机床控制系统，并完成安装和调试。

控制要求如下：

（1）将该多工步机床的动作原点定在工步 1 开始工作之前，即六角回转工作台处在工位 1，大拖板处在原点（SQ3 压合），按下启动按钮 SB1 后，工件旋转，机床按工步 1 动作。工步 1 完成，大拖板回到原点压合 SQ3 时，工件停止旋转，回转工作台旋转到 2 号工位，开始下一工步的动作。动作过程如图 5—2—1 所示。

（2）具有短路、过载保护等必要的保护措施。

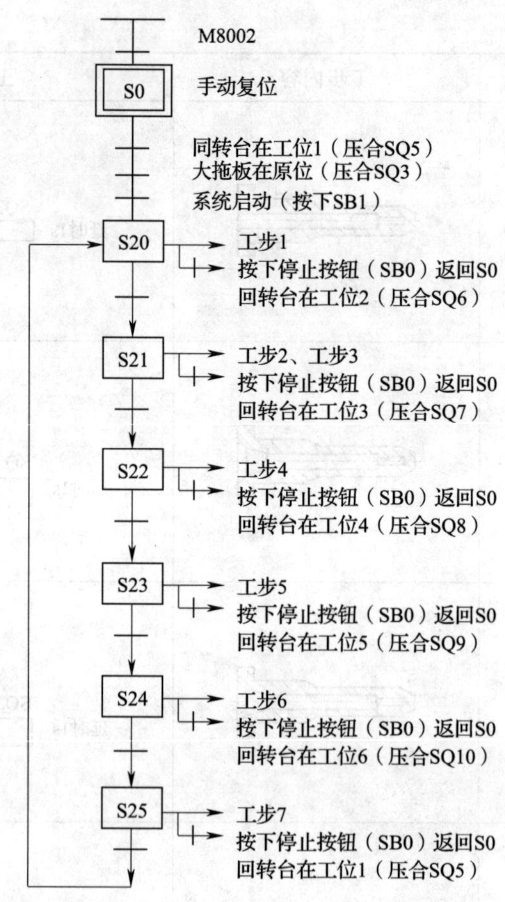

图 5—2—1　多工步机床顺序功能图